· 中国珍稀濒危海洋生物 ·

总主编 张士璀

中国
珍稀濒危
海洋生物

ZHONGGUO
ZHENXI BINWEI
HAIYANG SHENGWU

植物与其他动物卷

ZHIWU YU QITA DONGWU JUAN

刘志鸿 主编

中国海洋大学出版社
·青岛·

图书在版编目（ＣＩＰ）数据

中国珍稀濒危海洋生物. 植物与其他动物卷 / 张士
璀总主编 ; 刘志鸿主编. — 青岛 : 中国海洋大学出版
社, 2023.12
  ISBN 978-7-5670-3729-8

  Ⅰ.①中… Ⅱ.①张… ②刘… Ⅲ.①濒危种—海洋
生物—介绍—中国 Ⅳ.①Q178.53

  中国国家版本馆CIP数据核字(2023)第240084号

出 版 人	刘文菁		
出版发行	中国海洋大学出版社		
社　　址	青岛市香港东路23号	邮箱编码	266071
网　　址	http://pub.ouc.edu.cn	订购电话	0532-82032573（传真）
项目统筹	董　超	电　　话	0532-85902342
责任编辑	姜佳君	电子邮箱	465407097@qq.com
文稿编撰	任旭阳	图片统筹	姜佳君
照　　排	青岛光合时代文化传媒有限公司		
印　　制	青岛名扬数码印刷有限责任公司	成品尺寸	185 mm × 225 mm
版　　次	2023年12月第1版	印　　张	9.25
印　　次	2023年12月第1次印刷	印　　数	1 ~ 5000
字　　数	140千	定　　价	39.80元

如发现印装质量问题，请致电13792806519，由印刷厂负责调换。

中国珍稀濒危海洋生物

总主编　张士璀

编委会

倾听海洋之声

潮起潮落，浪奔浪流，海洋——这片占地球逾 2/3 表面积的浩瀚水体，跨越时空、穿越古今，孕育和见证了生命的兴起与演化、展示着生命的多姿与变幻的无垠。

千百年来，随着文明的发展，人类也一直在努力探索着辽阔无垠的海洋，也因此而认识了那些珍稀濒危的海洋生物，那些面临着包括气候巨变、环境污染、生境恶化、食物短缺等前所未有的生存压力、处于濒临灭绝境地的物种。在中国分布的这些生物被记述在我国发布的《国家重点保护野生动物名录》和《国家重点保护野生植物名录》之中。

丛书"中国珍稀濒危海洋生物"旨在记录上述名录中的国家级保护生物，为读者展现这些生物的"今生今世"。丛书包括《刺胞动物卷》《鱼类与爬行动物卷》《鸟类卷》《哺乳动物卷》《植物与其他动物卷》等五卷，通过描述这些珍稀濒危海洋生物的形态、习性、繁衍、分布、生存压力等并配以精美的图片，展示它们令人担忧的濒危状态以及人类对其生存造成的冲击与影响。

在图文间，读者同时可以感受到它们绚丽多彩的生命故事：

在《刺胞动物卷》，我们有幸见识长着蓝色骨骼、有海洋"蓝宝石"之誉的苍珊瑚；了解具有年轮般截面的角珊瑚以及它们与虫黄藻共生的亲密关系……

在《鱼类与爬行动物卷》，我们有机会探知我国特有的"水中活化石"中华鲟；认识终生只为一次繁衍的七鳃鳗；赞叹能模拟海藻形态的拟态高手海马，以及色彩艳丽、长着丰唇和隆额的波纹唇鱼……

在《鸟类卷》，我们得以惊艳行踪神秘、60 年才一现的"神话之鸟"，中华凤头燕鸥；欣赏双双踏水而行、盛装表演"双人芭蕾"的角䴙䴘……

在《哺乳动物卷》，我们可以领略海兽的风采：那些头顶海草浮出海面呼吸、犹如海面出浴的"美人鱼"儒艮；有着沉吟颤音歌喉的"大胡子歌唱家"髯海豹……

在《植物与其他动物卷》，我们能细察有"鳄鱼虫"之称、在生物演化史中地位特殊的文昌鱼；惊叹那些状如锅盔、有"海底鸳鸯"之誉的中国鲎；观赏体形硕大却屈尊与微小的虫黄藻共生的大砗磲。

"唯有了解，我们才会关心；唯有关心，我们才会行动；唯有行动，生命才会有希望"。

丛书"中国珍稀濒危海洋生物"讲述和描绘了人类为了拯救珍稀濒危生物所做出的努力、探索与成就，同时将带领读者走进珍稀濒危海洋生物的世界，了解这些海中的精灵，感叹生物进化的美妙，牵挂它们的命运，关注它们的未来。

更希望这套科普丛书能充当海洋生物与人类之间的传声筒和对话的桥梁，让读者在阅读中形成更多的共识和共谋：揽匹夫之责、捐绵薄之力，为后人、为未来，共同创造一个更美好的明天。

宋微波　中国科学院院士

2023 年 12 月

濒危等级和保护等级的划分

濒危等级

评价物种灭绝风险、划分物种濒危等级对于保护珍稀濒危生物有着非常重要的作用。根据世界自然保护联盟（IUCN）最新的濒危物种红色名录，包括以下九个等级。

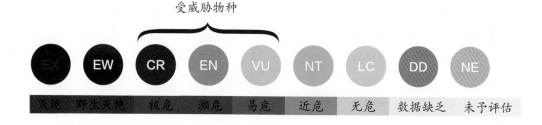

灭绝（EX）

如果具有确凿证据证明一个生物分类单元的最后一个个体已经死亡，即认为该分类单元已经灭绝。

野生灭绝（EW）

如果已知一个生物分类单元只生活在栽培、圈养条件下或者只作为自然化种群（或种群）生活在远离其过去的栖息地的地方，即认为该分类单元属于野外灭绝。

极危（CR）

当一个生物分类单元的野生种群面临即将灭绝的概率非常高，该分类单元即列为极危。

濒危（EN）

当一个生物分类单元未达到极危标准，但是其野生种群在不久的将来面临灭绝的概率很高，该分类单元即列为濒危。

易危（VU）

当一个生物分类单元未达到极危或濒危标准，但在一段时间后，其野生种群面临灭绝的概率较高，该分类单元即列为易危。

近危（NT）

当一个生物分类单元未达到极危、濒危或易危标准，但在一段时间后，接近符合或可能符合受威胁等级，该分类单元即列为近危。

无危（LC）

当一个生物分类单元被评估未达到极危、濒危、易危或者接近受危标准，该分类单元即列为需给予关注的种类，即无危种类。

数据缺乏（DD）

当没有足够的资料直接或间接地确定一个生物分类单元的分布、种群状况来评估其所面临的灭绝危险的程度时，即认为该分类单元属于数据缺乏。

未予评估（NE）

如果一个生物分类单元未经应用本标准进行评估，则可将该分类单元列为未予评估。

保护等级

我国国家重点保护野生动植物保护等级的划分，主要根据物种的科学价值、濒危程度、稀有程度、珍贵程度以及是否为我国所特有等多项因素。

国家重点保护野生动物分为一级保护野生动物和二级保护野生动物。

国家重点保护野生植物分为一级保护野生植物和二级保护野生植物。

前言

面对现代社会的快节奏生活，许多人难以放慢脚步去欣赏身边的一草一木。我们是否想过：生命在自然界中生存需要付出何等代价？人类对于地球和其他生物来说扮演着什么角色？少数人的力量能够做出怎样的改变？……

当以万年甚至百万年的时间单位回溯地球历史时，我们恍然发现人类是多么的微不足道。或许，每一个物种对于地球来说都是渺小的，但它们又是独一无二的。尤其是在意识到很多物种于我们不经意间永远消逝，甚至有的物种我们还来不及去了解时，我们难免心生不舍、惋惜、懊悔，还有一丝对未来的不安。

幸好，书籍给了我们认识自然万物的机会。我们可以在书中追忆已逝生命的过往，了解现存物种的处境，更可以透过它们反观自身，从中获得人与自然和谐共生的启示。红树植物有什么特点？海边半透明"小鱼"竟然不是鱼？在沙滩里掘出深深巢穴的"虫"有什么生态价值？体形巨大的贝类为何成了濒危物种？……读者可以从本书获得关于我国珍稀濒危植物、头索动物、半索动物、节肢动物、软体动物的基本情况，如形态特征、生存现状、保护措施，通过"海之眼"了解它们的故事。

在编写本书的过程中，编者不由得赞叹我国科学家勇攀高峰、严谨治学的精神。许多人眼里普普通通的树、虫、贝，在他们手中成为"无价之宝"。从本书的字里行间，读者能感受到科学家为找到生物生存的奥秘、寻得生命演化的足迹所付出的努力。他们细致记下的一项项生物特征、精心绘出的一幅幅生物结构图，都让我们从多角度认识这些宝贵的生灵。

　　自然界芸芸众生，奇妙无穷，本书所反映的不过一隅。若读者读完，能更加关注这些珍稀濒危生物的境况，本书的价值便已实现。

目录

软体动物

植物

概况

红树林

　　红树植物多属于被子植物门双子叶植物纲，涉及多个目，包括棕榈目的水椰、金虎尾目的木榄、唇形目的海榄雌等。红树植物一般为多年生，在自然条件下生长于热带和亚热带的陆地与海洋交界处。它们之所以被称为"红树"，是由于其树皮富含单宁类物质，接触空气后被氧化为红色。除具有典型的陆生植物特征外，红树植物还具有一些独特的形态特征和习性，以适应其特殊的生活环境。例如，红树植物多具有呼吸根，有的呼吸根能从地面伸出几十厘米长。呼吸根类型多样，具有通气组织，使红树植物适应海水浸没而导致的低氧环境。与陆生

红树植物幼苗

植物相比,红树植物生长所接触的海水盐度较大,但高度木栓化的根阻挡了相当一部分盐分。有些种类的叶演化出独特的盐腺,直接将多余的盐分排出植物体。一些红树植物具有独特的繁殖方式,以应对恶劣的生长环境。它们的种子密度小,易随水漂流。许多种类的种子发芽后仍不从母体植株上脱落,这样长成的胎生苗掉落后的成活率更高。它们或直接掉入软泥中生根,或掉入水中漂流,直到接触适宜的生长环境。

全球大约有 110 种红树植物。在我国有记录的红树植物近 40 种,多分布于海南、广东、广西、福建、台湾等地。红树植物包括真红树植物和半红树植物两大类。真红树植物只在沿海潮间带生长,如卵叶海桑;而半红树植物不仅能在潮间带生长,还能生长在陆地环境,如银叶树。真红树植物、半红树植物与伴生植物共同构成具有巨大生态价值的红树林。红树林中植物盘根错节,抵挡了风浪侵袭,为其间众多生物搭建起多层次、多样化的生活环境,物质交换和能量流动活跃,使水体及时得到净化。出于上述原因,红树林获得"天然海岸卫士""海洋绿肺""潮间带生物的庇护所""候鸟迁徙的中转站"种种美誉,其在地球生态圈中的重要地位不言而喻。

随着沿海地区经济的快速发展,红树林面临着巨大危机。填海造地、海水污染、无序养殖、外来物种入侵、人类过度开发等,导致全球红树林面积剧减。我国的红树林状况也不容乐观。据统计,自 20 世纪 50 年代至 2000 年,

红树植物

我国的红树林面积由 4.2 万公顷骤减至 2.2 万公顷。保护红树林迫在眉睫。近些年，我国大力推进红树林保护和修复工作，有关科研人员积极开展红树林生态调查研究。2019 年，我国红树林面积增加到 2.9 万公顷，成为世界上少数红树林面积净增的国家之一。2020 年，自然资源部、国家林业和草原局联合印发《红树林保护修复专项行动计划（2020—2025 年）》，明确了一段时期内我国红树林保护修复的基本原则、行动目标和任务安排。我国已制定并不断完善多项有关红树林保护的法律法规，建立海南东寨港国家级自然保护区、广西山口红树林生态自然保护区、广西北仑河口国家级自然保护区、广东内伶仃福田国家级自然保护区、广东湛江红树林国家级自然保护区、福建漳江口红树林国家级自然保护区等，为红树林保护工作提供坚实的保障和基础。然而，面临着生物多样性降低、生境退化、人工修复林抵抗力和稳定性差等问题，红树林保护和修复任重道远。

藻类缺少维管束和胚等构造，能进行光合作用，营自养生活。根据含有的色素种类，藻类可分为绿藻、红藻、褐藻等。绿藻含有的主要色素为叶绿素 a、叶绿素 b（特征色素）、α胡萝卜素、β胡萝卜素，红藻含有藻胆蛋白、叶绿素 a、α胡萝卜素、β胡萝卜素，而褐藻含有叶绿素 a、叶绿素 c、β胡萝卜素。《国家重点保护野生植物名录》所列的硇洲马尾藻、黑叶马尾藻、鹿角菜属于褐藻，耳突卡帕藻属于红藻。

海藻是人类和海洋动物重要的食物来源，也为人类提供了工业和医药原料。有些种类的海藻有助于监控水质。与珊瑚礁、红树林等海洋生态系统相比，海藻场在维持生态系统稳定方面的作用往往被人忽视。事实上，海藻场不仅具有极高的初级生产力，支持着海洋食物网，而且为多种海洋生物提供了理想的栖息和繁殖场所。更重要的是，海藻场对海洋环境和地球气候的稳定意义重大。叶片较大的海藻对海水中的营养盐和重金属等的吸收效果明显，有助于控制赤潮生物的过量繁殖。大型海藻的光合作用大量消耗海水中的二氧化碳，促进海洋发挥碳汇作用，减轻温室效应。

在气候变化、人类活动、天敌生物、病原微生物的影响下，原本茂密的海藻场逐渐消失。有研究发现，受海水升温的影响，部分海域的海藻被迫"迁移"至纬度更高的海域，然而它们很难适应新环境，因而大量死亡。过去的半个世纪里，全球沿海地区海胆泛滥事件频发。海胆大量啃食海藻，所经之处成为一片"荒漠"，严重破坏海洋生态。

我国绵延的海岸线上，约 1/4 拥有适合大型海藻生长的潮间带、潮下带。马尾藻在我国沿海的分布尤为广泛，是主要优势种之一。裙带菜和海带在北方沿海也是优势种。目前，我国天然海藻场正在退化，人类活动也严重挤压着海藻的生存空间。进入 21 世纪后，我国开始尝试海藻场修复工作，如投放藻礁、播撒孢子，以期逐步恢复海藻场，改善海洋生态环境。《国家级海洋牧场示范区建设规划（2017—2025 年）》将"海藻场、海草床面积达到 330 平方千米"列为规划目标之一。2021 年，自然资源部启动海藻场生态系统调查工作，计划在"十四五"期间完成海藻场生态系统基线调查，为海藻场生态系统保护修复提供重要依据。

被列入《国家重点保护野生植物名录》的海洋植物包括红榄李、莲叶桐、水椰、海人树、水芫花、木果楝、硇洲马尾藻、黑叶马尾藻、鹿角菜、耳突卡帕藻。其中，属于国家一级重点保护野生植物的是红榄李，其他 9 种均为国家二级重点保护野生植物。接下来，我们将逐一介绍这 10 种珍贵的海洋植物。

物种

红榄李

Lumnitzera littorea

一级

国家重点保护野生植物等级

LC

IUCN 濒危等级

分类地位

被子植物门木兰纲桃金娘目使君子科榄李属

形态特征

红榄李为乔木，植株高达 25 米，叶片聚生在枝端部。花瓣为红色，长 5～6 毫米。花丛生在叶片上方。果实纺锤形、黑褐色，6—8 月结果。红榄李单株开花时间不一，花期持续时间可长达 6 个月。单花的花期分为萌动期、初展期、盛开期、凋落期，一般持续 10～14 天。在我国分布的红榄李存在两种开花方式：一种是柱头在花瓣还未打开时先伸出；另一种是开花时雌蕊与雄蕊同步外展。这两种性状表现与基因表达密切相关。

红榄李

红榄李

生存现状

红榄李主要分布于亚洲、大洋洲的热带地区，常与红树、海榄雌、海漆、苦郎树等混生，是组成热带海岸红树林的重要树种之一。自然条件下，红榄李在我国分布于海南陵水、三亚等地，海口东寨港有少量引种。它们对光照、温度等气候条件和生长环境的要求非常高：年平均气温变化范围为 21℃ ~ 25℃，全年无霜，所生长的海湾风平浪静。据统计，我国野生红榄李一度仅余生长在海南岛的 14 株。红榄李材质坚硬，过去曾被砍伐作为木材。它们如此稀少的原因除人为因素外，主要有以下两点：一是红榄李生长对温度极为敏感——曾有引种的红榄李大量死于春季寒潮的报道——这大大限制了它们的生长范围；二是野生红榄李发芽率低，开花不同步，存在很大的繁殖障碍。

保护措施

1980 年 1 月，海南东寨港自然保护区经广东省人民政府批准建立，1986 年 7 月经国务院批准晋升为国家级。这是我国建立的第一个红树林湿地自然保护区，红榄李是其中重要的保护物种。同时，大批学者也在研究红榄李的种子繁育和苗木培育技术。2014 年，东寨港国家级自然保护区管理局成功培育出红榄李幼苗，建立了红榄李野外种植基地，分批次地将红榄李种苗移植到野外种植基地。至 2018 年，保护区管理局已人工培育 700 多株红榄李，挽救了我国红榄李种质资源。

海之眼

榄李属有两个形态特征近似的物种——红榄李和榄李。两者均有顶端微裂的匙状叶片，但有一个明显的区别：红榄李的花瓣为红色，而榄李的花瓣为白色。从分布区域看，红榄李主要分布在亚洲东部、大洋洲沿海；而榄李在非洲东部、印度等地区沿海分布较为集中，在我国见于海南、台湾等地。

红榄李

莲叶桐

Hernandia nymphaeifolia

分类地位

被子植物门木兰纲樟目莲叶桐科莲叶桐属

形态特征

　　莲叶桐是常绿乔木，成熟植株高5～22米。树皮光滑，呈灰白色，小枝断裂后会有白色汁液渗出。叶片较大，长20～40厘米，呈心形，有从叶片上部向四周发散的叶脉，就像荷叶。聚伞状花序或圆锥花序，花黄白色。黑色的核果被黄白色的肉质总苞包裹着，形成直径3～4厘米的球，就像一个铃铛。莲叶桐抗风能力很强，能经受台风侵袭，在海岸带常与木麻黄相伴而生。科学家发现，8级台风过后，莲叶桐的叶片也很少被吹掉，因而它是一种值得推广种植的防风林树种。

莲叶桐的花

二级

国家重点保护野生植物等级

LC

IUCN 濒危等级

生存现状

自然条件下，莲叶桐在我国分布于台湾和海南，但在台湾的数量极少；在国外分布于东非、马达加斯加岛到小笠原群岛和新喀里多尼亚等沿海。它们喜阳光，抗风，耐盐碱。野生莲叶桐自然繁殖能力极差，自然群系已无法正常更替繁衍，其数量一度不足 300 株。

保护措施

科研人员一直在尝试人工栽种莲叶桐。海南东寨港国家级自然保护区 1995 年从文昌会文的一株 12 米高的莲叶桐采集部分种子育苗，成功培育出 4 株莲叶桐苗，并于 1997 年种于保护区内。此外，广东珠海淇澳 – 担杆岛省级自然保护区做了红树林恢复工作，其中有少量莲叶桐分布。还有的科研人员尝试从遗传角度分析莲叶桐的濒危机制。

莲叶桐的树干

莲叶桐的叶

莲叶桐的果实

莲叶桐

海之眼

　　许多红树植物依靠海水进行种子或果实的传播，因此属于海漂植物。莲叶桐的果实包裹有肉质的总苞，内有气室，使果实密度降低，可以借助海水漂流到远处。果实内有一颗种子，种皮厚而坚硬。到了环境适宜的海滩，种子便生根、发芽。比较著名的海漂植物还有椰子、红海榄、木果楝、番杏等。

水椰

Nypa fruticans

水椰的果实剖面

分类地位

被子植物门木兰纲棕榈目棕榈科水椰属

形态特征

　　水椰和我们所熟悉的热带植物——椰子是"近亲"，同为棕榈科的热带常绿植物，外观近似，只是水椰比椰子的植株矮小很多。水椰的雌花着生于花序的顶部，雄花着生于雌花序的侧下方，雌花与雄花联合成柱状。水椰常年结果，在6月、7月结果量最多，大串果可有50～60粒，小串果也有10粒左右。果肉呈半透明的果冻状，味道清甜。由于水椰生活在水中，其果实和种子可经受长期的浸泡而不腐烂。种子往往经过一段时间漂泊，到了适宜的环境才能生根、发芽。

生存现状

水椰的果实

　　水椰对环境要求较为苛刻，喜高温、多雨、风小、浪静的环境，在我国分布于海南文昌、万宁、三亚、陵水等地的少数港湾，在国外分布于马来西亚、越南、所罗门群岛以及澳大利亚等地区。水椰生长环境限于淤泥较多的港湾，这导致它们的繁殖力较弱。另外，部分沿海地区曾大量兴建海产品养殖基地，进行不科学的土地开发，不少水椰被砍伐，一些野生水椰林已经消失。

水椰

二级

国家重点保护野生植物等级

LC

IUCN 濒危等级

水椰

保护措施

　　2019 年，我国科学家成功开展了水椰移栽试验。

水椰的果实

海之眼

水椰是从古老的地质历史时期幸存下来的植物，又是热带、亚热带海岸潮间带特有的一种植物，在海洋地质考古学研究中有重大用途，能够为古环境研究提供重要的参考信息。例如，科学家在英国泰晤士河河口的黏土层中，发现了生长于距今4000万~5000万年的水椰的化石，这说明在漫漫的历史长河中，伦敦一带曾经历过热带、亚热带气候。同时，这也是地球板块运动的有力证据。

水椰的果实

海人树
Suriana maritima

海人树的花

分类地位

被子植物门木兰纲豆目海人树科海人树属

形态特征

海人树为灌木或小乔木，高1～6米。幼枝表面长有柔毛，常有瘤状疤痕。叶片长2.5～3.5厘米，具有较短的叶柄，常聚生在枝顶部，叶脉不明显。花瓣呈亮丽的黄色，覆瓦状排列。花单生或三五朵排成聚伞状花序。花果期在夏秋季。海人树枝叶茂密，花朵美丽，具有较高的观赏价值，在国外常作为观赏植物被栽培。海人树的果实为近球形的核果，能在海中漂浮并长期存活。

海人树的枝

二级

国家重点保护野生植物等级

LC

IUCN 濒危等级

生存现状

　　海人树广泛分布在热带海岸，从墨西哥湾到南美洲北部、从非洲东海岸到太平洋的小岛，都能见到它的踪迹。在我国，海人树主要分布在西沙群岛、台湾，但比较罕见。它们生活在海岛边缘的沙地上或石缝间，对盐碱、干旱等极端环境有很好的适应性，是研究植物适应珊瑚砂环境的重要物种，对海岛植被的恢复也有巨大意义。遗传学分析表明，海人树在演化过程中受到瓶颈效应、遗传漂变、自交衰退等的影响，遗传多样性极低。科研人员调查西沙群岛的植被发现，海人树个体总量约有 500 株，其中的成熟植株不足 200 株。

海人树的果实

保护措施

2013 年《中国生物多样性红色名录——高等植物卷》将海人树列为近危物种。在西沙东岛白鲣鸟保护区，海人树为代表性植物之一。科研人员从生物学特性、保育遗传学、种子超低温保存技术等方面对海人树做了研究，为海人树的保护工作提供了基础。

海人树

海之眼

在分类史上，海人树曾被划分到商陆科、过柱花科、苦木科等。即使今天，人们也还在讨论"海人树属于苦木科还是属于海人树科"以及"如果让海人树科独立，该科应属于豆目还是蔷薇目"两个问题。争论的原因在于海人树和苦木科植株的外观近似，但胚胎发育特征差异显著；蔷薇目中大多是温带性质较强的植物，而海人树为典型的热带植物。1998 年，被子植物种系发生学组（APG）根据分支分类学和分子系统学的研究方法创建了被子植物新分类系统，但仍未能平息海人树的"身世之争"。不过随着科技的发展，相信人们终将解开海人树的"身世之谜"。

水芫花

Pemphis acidula

分类地位

被子植物门木兰纲桃金娘目千屈菜科水芫花属

形态特征

水芫花茎干弯曲，生长缓慢，通常是1～2米高的低矮灌木，高大的植株可达6米。因为对生长环境有比较特殊的要求，水芫花在生长地往往形成单一优势群落。在水芫花枝叶繁茂的季节，想要穿过它们形成的灌木丛绝非易事。水芫花的树皮多为浅灰色。水芫花生长到一定时期，树皮会呈条状脱落。花朵为白色，有6枚花瓣。果实为球状蒴果，成熟后呈棕色，含有20～30枚红色的种子。

二级

国家重点保护野生植物等级

LC

IUCN 濒危等级

生存现状

　　自然条件下，水芫花多生长在高潮线附近的珊瑚碎屑或岩礁间。水芫花主要分布于东半球热带海岸，在我国分布于海南、台湾。水芫花是珍贵的盆景植物，常常遭到盗挖，加之其生长缓慢，故而种群数量稀少。水芫花具有独特的二型花柱繁殖体系，必须同时具备二型花柱和有效的授粉媒介才能正常结果，繁殖难度较大。所以，拯救水芫花还有很长一段路要走。

保护措施

　　海南清澜港自然保护区对水芫花就地保护，工作人员曾多次采集其果实育苗，但未成功。水芫花还分布于海南大洲岛国家级海洋生态自然保护区。海南东寨港国家级自然保护区也做过水芫花的引种培育，但未取得理想效果。

水芫花

海之眼

水芫花枝叶、花朵形状奇特，可匍匐依附礁石而生，种植在鱼池假山边或做成树石盆景，极具观赏价值。故而在国外的一些地方，人们热衷于用水芫花造景来装饰庭院。

木果楝

Xylocarpus granatum

分类地位

被子植物门木兰纲无患子目楝科木果楝属

形态特征

　　木果楝是典型的热带植物：喜阳光，阳光越充足，其生长速度就越快；喜雨水，生长地年平均降雨量变化范围为 2000 ~ 3000 毫米。植株通常高 3 ~ 8 米。根系发达，蜿蜒裸露于地表之上。叶片椭圆形，幼时为亮绿色，老时为深绿色，羽状复叶互生。花瓣白色，4 枚。果实为球形蒴果，大小类似芦柑，其中有 6 ~ 16 枚形状不规则的种子。种子可借助水流传播。

二级

国家重点保护野生植物等级

LC

IUCN 濒危等级

木果楝

生存现状

木果楝一般生活在高潮带沙质滩涂，在我国常见于海南岛，在国外分布于非洲东部、东南亚、澳大利亚及太平洋群岛。20 世纪中叶，人们保护珍稀动植物的意识尚不强烈，加之人口的增加和经济的发展，人们对自然资源的需求不断增大，长期对木果楝乱砍滥伐，大面积围垦农田或开挖养殖池，使得海南岛红树林湿地生态系统遭到严重破坏。设立保护区后的一段时间，人们参与保护工作的积极性不高，保护区周围的生活垃圾污染、家禽养殖造成的污染等不同程度地阻碍了木果楝种群的恢复。

保护措施

海南东寨港国家级自然保护区对木果楝进行人工培育。

木果楝

木果楝

木果楝的果实

海之眼

　　单宁为浅黄色至浅棕色粉末，或松散、有光泽的鳞片状或海绵状固体，在空气中颜色逐渐变深，有强吸湿性。古时人们用单宁作为染料，还会利用其特殊的化学性质加固绳子。如今，单宁也有广泛的用途，如用来制造蓝墨水。木果楝树皮因为单宁含量达30%，而且可再生，所以从古至今都是单宁的一大主要来源。

硇洲马尾藻

Sargassum naozhouense

分类地位

不等鞭毛门褐藻纲墨角藻目马尾藻科马尾藻属

形态特征

硇洲马尾藻藻体呈灰褐色，高约6厘米。藻叶较厚，边缘为全缘，基部的藻叶呈长披针形、线形。主枝圆柱形，表面光滑；分枝与主枝形状相似，但比较短；小枝上有气囊和生殖托。主枝、分枝和小枝上均有黑色腺点。硇洲马尾藻自然种群的繁衍和维持主要通过假根再生的方式，辅以有性繁殖。拔除假根会严重破坏其种群繁殖。

生存现状

硇洲马尾藻是多年生海藻，常分布在潮间带岩礁上。它是我国广东的特有种，它主要分布于硇洲岛和雷州半岛等地。人们对硇洲马尾藻的认识开始较晚，20世纪80年代才为其命名。硇洲马尾藻幼苗的生长速度与其附生硅藻、刚毛藻和石莼等杂藻的生长速度相比偏慢，常因不能得到充足的氧气而窒息死亡。而且民间认为其有清火、解喉毒和利尿等功效，渔民常常大量采集，导致其种群数量锐减。

保护措施

近年来，科研人员在硇洲马尾藻的繁殖特性等方面做了大量研究，也开展了硇洲马尾藻的人工育苗和人工藻场建设工作。

海之眼

硇洲马尾藻的主要成分为碳水化合物、蛋白质和灰分，三者占藻体干重的85.11%；脂肪含量较低；"第七大营养素"——不溶性膳食纤维占藻体干重的10.88%；必需氨基酸占总氨基酸的40%～60%；富含钾、钙、铜、铁、锌、锰等元素，且含量均高于海带。在商业化栽培技术成熟的前提下，硇洲马尾藻有可能成为一种优质的功能食品原料。

黑叶马尾藻

Sargassum nigrifolioides

分类地位

不等鞭毛门褐藻纲墨角藻目马尾藻科马尾藻属

形态特征

黑叶马尾藻是大型褐藻，高度可达50厘米。藻体黑褐色。主干较短，呈圆柱形，高2～3厘米，具有1～2回叉状分枝。主枝扁平，明显扭转，局部有不规则的棱，边缘光滑，无齿状突起。侧枝形状与主枝相似，但比主枝短。

生存现状

黑叶马尾藻是我国南麂岛及其附近小岛的特有种。近年来，随着人类活动的日益频繁、海洋环境的进一步恶化，黑叶马尾藻的生存受到很大威胁。栖息地生境受到破坏，海水透明度降低，已经不再适合黑叶马尾藻正常生长。

保护措施

黑叶马尾藻为南麂列岛海洋自然保护区的主要保护对象之一。

鹿角菜

Silvetia siliquosa

分类地位

不等鞭毛门褐藻纲墨角藻目墨角藻科鹿角菜属

形态特征

鹿角菜成熟藻体高 8 ~ 15 厘米，新鲜时黄绿色，干燥后变为黑色。藻体由叉状分枝构成。下部分枝较为规则，分枝间的角度也较大，上部分枝间的角度则较小。生长在不同地区的鹿角菜的分枝数量不定。通常，生长在隐蔽而浪小处的藻体分枝繁多，生长在显露而浪大处的藻体分枝稀少。

生存现状

鹿角菜生长在中潮带、高潮带的岩石上，分布范围较广，在我国主要分布在山东半岛、辽东半岛。鹿角菜味道鲜美，营养丰富，经济价值较高，但因为其生长在中潮带、高潮带，相比于低潮带的藻类更容易受到自然因素和人为因素的影响，所以其野生资源现已濒临枯竭。

鹿角菜 / 高璐瑶绘

保护措施

　　研究人员对鹿角菜野生种群遗传多样性做了调查，在此基础上提出了资源保护的策略：建议采取就地保护的方式，尽可能恢复其种群规模，避免遗传多样性降低导致的种群遗传资源损失；如果采取迁地保护的方式，应避免近交造成种群资源衰退。

海之眼

　　鹿角菜含有多种生物活性物质，如褐藻酸、岩藻多糖、甘露醇、岩藻甾醇，以及钾、碘等元素。岩藻甾醇具有降血糖、提高肝脏超氧化物歧化酶活性等功能。岩藻多糖有抗凝血、降血脂等作用。

耳突卡帕藻

Kappaphycus cottonii

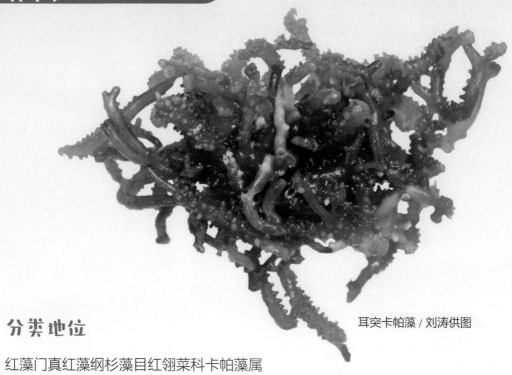

耳突卡帕藻 / 刘涛供图

分类地位

红藻门真红藻纲杉藻目红翎菜科卡帕藻属

形态特征

新鲜藻体肉质，呈紫红色或稍带黄色，颜色随生长环境和生长阶段而异。藻体重叠成团块状，匍匐生长，团块直径可达 25 厘米。分枝多呈扁圆柱状，分枝间有愈合现象。藻体一面及边缘密密地覆盖着耳状乳突，另一面则光滑、无突起。藻体干后呈软骨质。

生存现状

耳突卡帕藻生长于低潮线以下水深 1～2 米处的碎珊瑚上，在我国主要分布于海南岛和西沙群岛，在国外分布在坦桑尼亚、菲律宾和关岛。作为卡拉胶的主要来源，耳突卡帕藻被大量采挖。珊瑚礁的减少也是耳突卡帕藻资源量减少的重要原因。

保护措施

耳突卡帕藻为海南省麒麟菜自然保护区的主要保护对象。

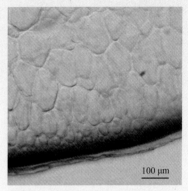

100 μm

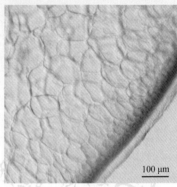

100 μm

耳突卡帕藻横切（上）、纵切（下）显微图像 / 刘涛供图

海之眼

耳突卡帕藻正面临着生存威胁，然而，卡帕藻属的有些种类可以成为入侵物种。20 世纪 70 年代，出于科研和养殖的需要，夏威夷卡内奥赫湾曾专门引入几种卡帕藻。没想到，这些海藻对新环境的适应能力很强，它们迅速"占领"海湾，毁坏了不少珊瑚。有的珊瑚礁甚至 50% 的表面被卡帕藻覆盖。研究人员又不得不调查卡帕藻在夏威夷海域疯长的机制，以挽救该海域的珊瑚礁。

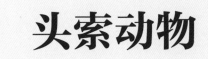

头索动物

概况

头索动物是现存最原始的脊索动物。它们因脊索向前延伸到背神经管前方而被称为头索动物。它们没有头与躯干之分，没有脑和眼睛（视觉器官为眼点）的分化，神经管前端膨大形成脑泡，因此也被称为无头类。从外部形态上看，它们左右侧扁，两端尖，横断面略呈三角形，表皮半透明，体内的肌节清晰可见。

这样的体形难免令人误以为它们是鱼，实则不然。头索动物是无脊椎动物向脊椎动物演化的过渡类群。换句话说，它们既具有与无脊椎动物类似的机能，又具备脊椎动物的某些特征。例如，它们的摄食、排泄等过程简单，胚胎发育时以体腔囊法形成中胚层，这些特点均与无脊椎动物相似；而脊索、背神经管、咽裂、肛后尾、原肠与神经胚的形成方式等，则与脊椎动物接近。这些特征，奠定了头索动物在脊椎动物起源与演化研究中的关键地位，使它们成为科学家眼中的无价之宝。

头索动物最典型的代表是文昌鱼。文昌鱼在全球范围内约有 30 种，多分布在热带和温带海域。人们鉴定的第一条文昌鱼发现于英国近海。1923 年，厦门大学美籍教授莱特（S. F. Light）在厦门海域发现文昌鱼，将研究成果发表于学术期刊《科学》，让我国的文昌鱼为世人所知。之后，文昌鱼陆续在我国其他沿海地区被发现，如昌黎、青岛、烟台、合浦等，且形态具有南北递变的特点。在我国分布的厦门文昌鱼和青岛文昌鱼形态相差不大，主要区别在肌节平均数、腹鳍条数等。过去人们认为两者是白氏文昌鱼的两个亚种。后来的几十年研究中，科学家通过分子标记等手段确定两者的遗传距离超出一般的种内差异，应当分别为独立的种。

文昌鱼曾有惊人的捕捞产量。根据记录，1933 年福建厦门东南的刘五店海区文昌鱼捕捞产量达到 282 吨。可是在栖息地遭破坏、过度捕捞等诸多压力下，文昌鱼分布范围日益缩小，自然资源已近枯竭，现如今已难觅踪迹。通过设立保护区、加强宣传等措施，我国积极推进文昌鱼的保护工作。目前，文昌鱼的主要栖息地厦门和青岛已分别建立了自然保护区。此外，文昌鱼人工繁育技术已取得突破。在多方面努力下，文昌鱼资源保护工作取得了一定的成效。

以下将介绍我国的两种头索动物——厦门文昌鱼和青岛文昌鱼。

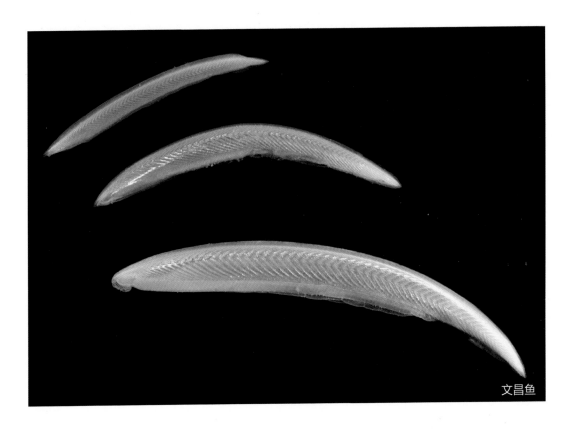

文昌鱼

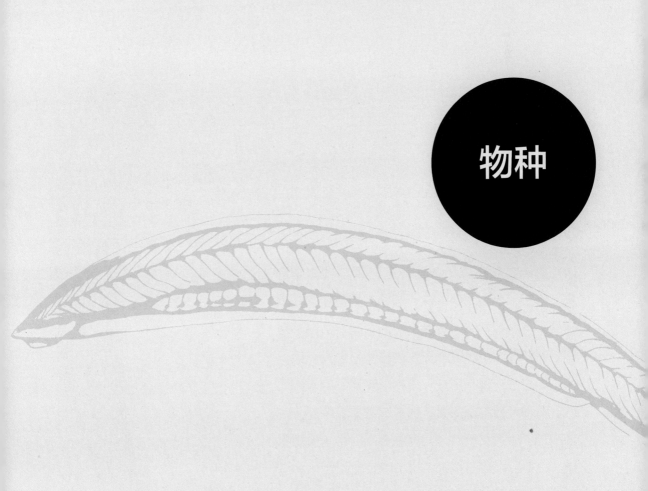

物种

厦门文昌鱼

Branchiostoma belcheri

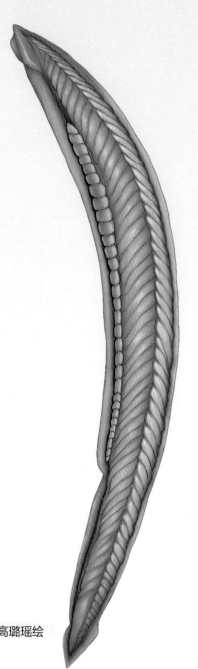

分类地位

脊索动物门狭心纲双尖文昌鱼目文昌鱼科文
昌鱼属

形态特征

厦门文昌鱼成体长 4 ~ 6 厘米，身体半透
明，细长，侧扁，两端尖。厦门文昌鱼虽然外表
酷似鱼类，有由皮肤折叠形成的背鳍、尾鳍、臀
鳍、腹鳍等，但是其许多生理机能与鱼类有很大
区别。心脏还没有形成，只有能够搏动的腹大动
脉。背神经管前部膨大，形成脑泡，其余部分就
像脊髓。厦门文昌鱼常半埋在海底沙中，头部露
出，以便呼吸和滤食水中的小型藻类。

文昌鱼 / 高璐瑶绘

二级

国家重点保护野生动物等级

生存现状

文昌鱼早在 5.2 亿年前就已经出现，是无脊椎动物向脊椎动物演化的典型过渡生物，是研究动物进化系统的珍贵材料。厦门文昌鱼主要分布于福建厦门同安刘五店、萧田县平海至广东南澳县的潮间带，以及台湾海峡南部潮间带和香港、广东遂溪、广西合浦、海南新盈等海区。它们栖息于海水透明度较高、洁净、底质为细砂（幼鱼）或粗砂与细砂掺杂并伴有少量泥（成鱼）的浅海中，对底质的要求高。早在 1923 年，厦门文昌鱼的盛名便传遍世界，遭到当地人民大量捕捞和售卖。此后，由于海岸工程、不合理的水产养殖活动、过多的赶海活动等，厦门文昌鱼资源持续衰退。

保护措施

厦门市人民政府于 1991 年 9 月建立了市级文昌鱼自然保护区。2000 年，我国建立厦门海洋珍稀物种国家级自然保护区，保护厦门文昌鱼、中华白海豚和白鹭等生物，并通过宣传等措施，提醒民众赶海时规避自然保护区。厦门文昌鱼还是广东雷州珍稀海洋生物国家级自然保护区的主要保护对象之一。

海之眼

模式生物指生物学家用于揭示某种具有普遍规律的生命现象所选定的物种。常见的模式生物有果蝇、斑马鱼等。文昌鱼因其特殊的生命结构，也被学界认为是研究动物进化系统的理想模式生物。国内外开展了大量文昌鱼繁育研究，相信不久的将来会实现文昌鱼全人工繁育。

青岛文昌鱼

Branchiostoma tsingdauense

文昌鱼

分类地位

脊索动物门狭心纲双尖文昌鱼目文昌鱼科文昌鱼属

形态特征

青岛文昌鱼最早于1936年由我国科学家张玺和顾光中等人在青岛胶州湾发现。它的外观与厦门文昌鱼大同小异，曾被认为是厦门文昌鱼的变种。1958年，鱼类学家周才武比较青岛、烟台和厦门、海南的文昌鱼生殖腺、吻突、尾鳍、口须等10余项形态特征后，提出将青岛文昌鱼单独划分。21世纪初，基因分析结果也支持将青岛文昌鱼提升为独立物种。青岛文昌鱼与厦门文昌鱼肉眼可见的主要形态区别在于腹鳍条数和肌节数。

生存现状

青岛文昌鱼主要分布于山东的青岛（胶州湾、大公岛）、烟台和河北的秦皇岛等地浅海，同厦门文昌鱼一样喜欢生活在干净的细砂中。青岛文昌鱼资源衰退主要是人为因素导致的。近年来的水利工程建造、海上挖沙作业以及民众赶海活动，造成青岛文昌鱼栖息底质环境改变，威胁到青岛文昌鱼的生存。河北昌黎海域的养殖业发展造成的病害以及养殖贝类粪沉降，也加剧了青岛文昌鱼栖息环境的改变。近几年，青岛文昌鱼资源量有回升趋势，但生态恢复是一个缓慢的过程，需要重点关注青岛文昌鱼底质环境的保护。

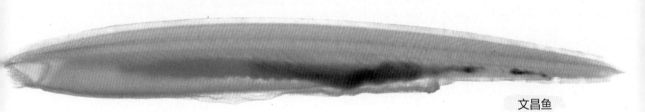

文昌鱼

保护措施

河北昌黎黄金海岸国家级自然保护区以青岛文昌鱼为底栖动物优势种。青岛设立了文昌鱼水生野生动物市级自然保护区，保护文昌鱼和其他海洋底栖生物。

海之眼

文昌鱼名字中的"文昌"与海南的文昌市并没有关系。《同安县志》记载："文昌鱼，似鳗而细如丝，产西溪近海处，俗谓文昌诞辰方有，故名。"文昌鱼还有"鳄鱼虫""米鱼""扁担鱼"等俗称。

半索动物

概況

半索动物又称为隐索动物，体呈蠕虫状，分为吻、领、躯干三部分，具有背神经索、腹神经索，且口腔背面向前伸出形成口盲囊。曾有研究者认为半索动物与脊索动物具有较近的亲缘关系。然而，随着比较形态学、发育生物学、分子系统学等证据的发现，研究者倾向于以下观点：半索动物与棘皮动物是姐妹群，二者共同组成步带动物；步带动物则与脊索动物是姐妹群，二者共同组成后口动物。这样看来，半索动物在非脊索动物与脊索动物的过渡中占据重要的位置，因此对其系统发育的研究具有重要价值。

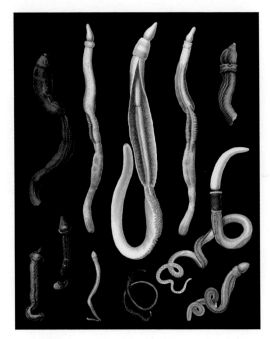

半索动物

半索动物分为笔石纲、浮球虫纲、羽鳃纲和肠鳃纲。其中，笔石纲的物种早已灭绝，浮球虫纲目前仅发现 1 种，其他现存半索动物均属于羽鳃纲或肠鳃纲。《国家重点保护野生动物名录》收录 7 种半索动物：一级保护野生动物多鳃孔舌形虫、黄岛长吻虫，二级保护野生动物三崎柱头虫、肉质柱头虫、黄殖翼柱头虫、短殖舌形虫、青岛橡头虫。这 7 种半索动物均为肠鳃纲物种。所有半索动物都生活在海洋中，从潮间带到深海皆有分布，且多营底栖穴居生活。海洋工程建设、近海开发、环境污染等极易对半索动物的生存造成威胁，如今在青岛胶州湾等海域已很难找到多鳃孔舌形虫和黄岛长吻虫。对栖息地生态环境的保护是恢复半索动物种群数量的主要措施。2022 年 6 月 1 日，《中华人民共和国湿地保护法》施行。在多鳃孔舌形虫、黄岛长吻虫、三崎柱头虫等生物的主要栖息地——胶州湾，国家级海洋公园及其他湿地保护项目正在发挥海洋生态保护的功能。相信通过加强保护区的建设以及科普工作，对半索动物的保护将取得一定成效。

以下将分别介绍这 7 种珍稀半索动物。

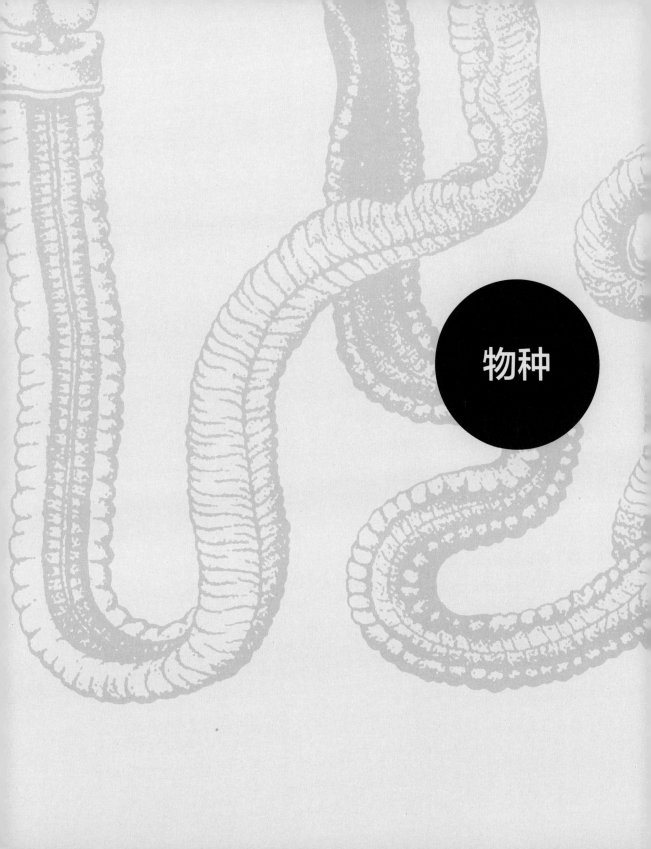

物种

多鳃孔舌形虫

Glossobalanus polybranchioporus

分类地位

半索动物门肠鳃纲殖翼柱头虫科舌形虫属

形态特征

多鳃孔舌形虫体长 35 ～ 60 厘米，身体柔软、细长，呈蠕虫状，体表呈浅橘黄色。雄雌异体。性成熟后，雌性的生殖翼为紫棕色，雄性的生殖翼为橘红色或橘黄色。虫体分为吻、领和躯干三部分。领具有许多纵向褶皱。躯干略呈圆柱形。多鳃孔舌形虫依靠吻腔和领腔的充水和排水，使吻部和领部发生伸缩，在沙中掘穴。

生存现状

多鳃孔舌形虫为我国特有种，分布在山东青岛、江苏大丰、河北北戴河等地。它们一般穴居于中潮区和低潮区的细沙滩和泥沙滩中。近年来，城市化进程的加快、工业和城市废水以及养殖污水的大量排放，导致近岸海域水体富营养化，多鳃孔舌形虫的栖息环境也受到严重破坏，种群数量减少，现在已很难见到它们的踪迹。

保护措施

青岛设立了汇泉湾东部珍稀海洋动物保护区，保护多鳃孔舌形虫、黄岛长吻虫等。

海之眼

肠鳃类由于躯干背部两侧的鳃裂向内与肠管相通而得名。它们还有个俗称——柱头虫。大多数肠鳃类生活于潮间带、潮下带，不断吞食泥沙，消化其中的海藻；但也有生活在水深三四千米的种类。深海肠鳃类体长可达 1 米，体色亮丽，依靠体表纤毛摆动在海底爬行。绝大多数深海肠鳃类肌肉极度退化，无法像浅海种类那样钻沙潜居，而是直接栖息在海床上。

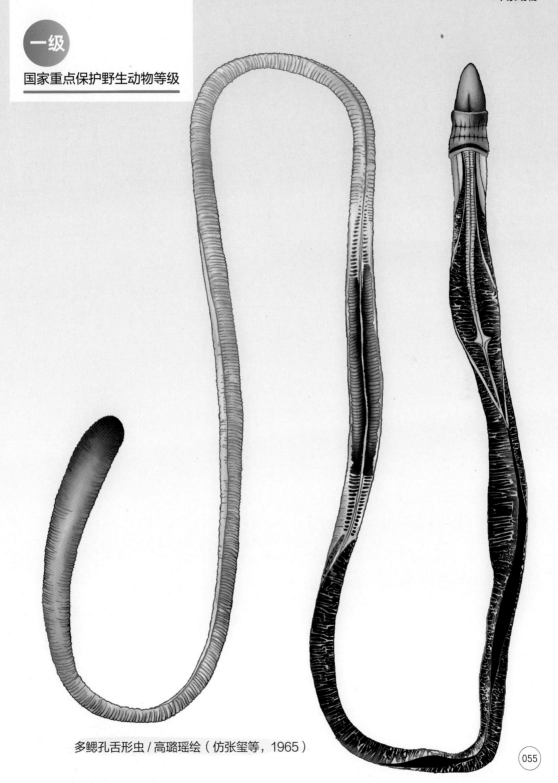

多鳃孔舌形虫 / 高璐瑶绘（仿张玺等，1965）

短殖舌形虫
Glossobalanus mortenseni

分类地位

半索动物门肠鳃纲殖翼柱头虫科舌形虫属

形态特征

短殖舌形虫表皮黄白色，肝囊棕色。吻尖而长，侧面观略呈三角形，表面有不明显的纵向细纹。领较短，领之后有环沟。从外部形态看，鳃区不明显；解剖之后可发现鳃区比其后的生殖区更硬。鳃区背部中央有一条纵沟，纵沟在靠近领的地方深而窄，向后逐渐变得浅而宽。肝区明显，每侧有 12 ~ 16 个肝囊，肝囊大小几乎一致。

二级
国家重点保护野生动物等级

短殖舌形虫 / 高璐瑶绘（仿 van der Horst，1932）

三崎柱头虫

Balanoglossus misakiensis

分类地位

半索动物门肠鳃纲殖翼柱头虫科柱头虫属

形态特征

三崎柱头虫身体柔软、细长，呈蠕虫状，体长可超过 50 厘米。雌雄异体。性成熟后，雄性生殖翼为黄色；雌性生殖翼为灰褐色。不同个体肝区颜色有差异，多呈褐色、黄色或绿色。身体其余部分均为黄色。虫体分吻、领、躯干三部分。吻略呈圆锥形，背部中央具有一条深而狭长的纵沟。身体两侧各有一列鳃弓，每片鳃弓上有多个U形鳃裂。鳃裂是进行气体交换的场所，通过鳃孔通向外界。三崎柱头虫的吻、领等构造以及体表分泌的黏液，都有利于其在沙中运动。

生存现状

三崎柱头虫在世界各地潮间带几乎都有分布，但数量甚少，在我国主要分布在黄海到南海的沿岸。它们常常穴居于中潮区和低潮区的细沙滩和泥沙滩中。因虫体柔软易断，采集完整虫体的难度较大，所以科学家对它们的研究并不多。近年来，青岛胶州湾的沧口、女姑口、黄岛等三崎柱头虫历来较多的沿海地区，已经很少见到它们的踪迹。其数量大幅下降的原因是栖息地受到了人类挖沙、建港、排污、旅游的影响。

保护措施

在青岛胶州湾国家级海洋公园，三崎柱头虫为重点保护对象之一。

二级

国家重点保护野生动物等级

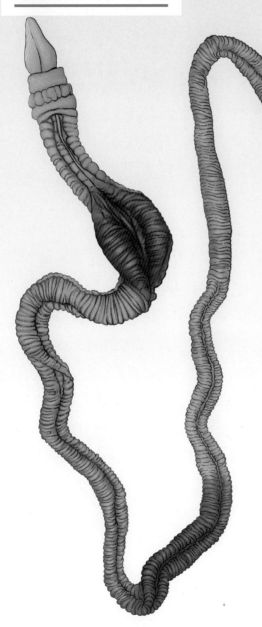

三崎柱头虫 / 高璐瑶绘（仿张玺等，1963）

海之眼

再生是常见的生物学现象，指生物器官或组织损伤后，保留的部分生长出与原来形态与功能相同的器官或组织的现象。1980 年，我国海洋生物学家李嘉泳教授在开展三崎柱头虫生殖和发育研究时，多次发现它们具有再生现象，并做了细致观察。三崎柱头虫自切后，具有吻和领的前端机体几乎都能再生，重建失去的后部器官；人为在不同部位横切后，具有吻和领的前端机体重建能力也很强，半数能再生缺失器官；但缺失吻和领的机体均失去了这种再生能力。

肉质柱头虫

Balanoglossus carnosus

分类地位

半索动物门肠鳃纲殖翼柱头虫科柱头虫属

形态特征

肉质柱头虫身体细长、柔软，长20～30厘米，没有外部附肢和外骨骼。体表通常是单调的浅黄色，有时也呈洋红色。当性腺成熟时，可以透过体壁看到其棕色的内脏。虫体分为三部分：前体、中体和后体。前体是一个圆锥形的肌肉结构；中体外部有隆起、凹陷和圆形凹槽等；后体有两排位于外侧的支气管孔。

生存现状

肉质柱头虫在我国主要分布于海南岛，在国外分布于西大西洋到印度洋的潮间带到浅海，在大堡礁、安达曼－尼科巴群岛、马尔代夫、新喀里多尼亚和西加罗林群岛等地，都发现过它们的踪迹。它们对海洋生态系统的稳定极为重要，可以"回收"海水中的营养物质、混合海洋沉积物等等。由于近年来人类活动的频繁，肉质柱头虫的栖息环境发生较剧烈的变动，数量大幅下降。

二级
国家重点保护野生动物等级

肉质柱头虫 / 高璐瑶绘

海之眼 ————

柱头虫属动物在沙中钻出的巢穴呈 U 形，深度可达 70 厘米。巢穴的两个位于地面的口相距 10 ~ 30 厘米。肉质柱头虫藏在巢穴中时，通常将吻部露在外面。体表分泌的黏液除了有助于钻沙，还能增大巢穴内壁的强度。肉质柱头虫吞掉泥沙，吸收其中的有机物，再将沙子混合着黏液排出。它们的粪便呈长条状，在沙滩上盘成粪堆。不过，这种螺旋状的粪堆也成了它们巢穴所在位置的标记，给它们带来了不少灾难。

黄殖翼柱头虫

Ptychodera flava

分类地位

半索动物门肠鳃纲殖翼柱头虫科殖翼柱头虫属

形态特征

殖翼柱头虫属已发现两个物种，分别是黄殖翼柱头虫和 *P. bahamensis*。两者与殖翼柱头虫科的其他物种相比的一个明显特征是整个鳃裂暴露在外。两者之间的形态区别不明显，只在于领孔上皮与体腔上皮之间的基膜厚度不同，因此之前曾有学者以为它们是同一个物种。

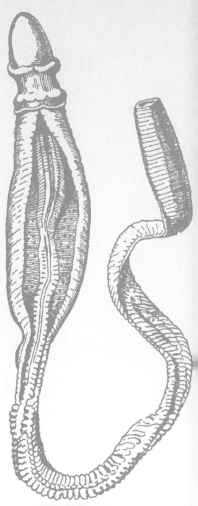

黄殖翼柱头虫

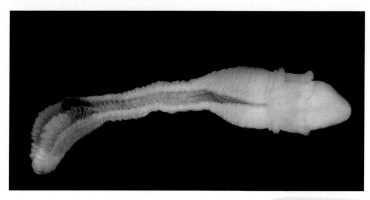

黄殖翼柱头虫

二级
国家重点保护野生动物等级

生存现状

黄殖翼柱头虫是最早（1825 年）被发现并定名的半索动物。它们主要分布于印度 – 太平洋的热带、亚热带海域，在我国分布于南海如三亚海域。它们的栖息环境多样，如沙地表层、石块下。它们的幼虫期较长，可达 300 天，这可能是其分布范围广的原因之一。我国黄殖翼柱头虫的资源现状尚有待研究。

　　不少研究者发现肠鳃类虫体能散发出碘仿的气味，这与它们体内含有的化合物有关。例如，三崎柱头虫含有 2，6- 二溴苯酚和 2，4，6- 三溴苯酚；肉质柱头虫除含有这两种化合物之外，还含有 2，4- 二溴苯酚。黄殖翼柱头虫的气味主要来自其体内的 3- 氯吲哚。此外，黄殖翼柱头虫还含有一些其他卤代吲哚。对肠鳃类来说，这些气味或许具有保护作用，能驱赶捕食者、避免细菌侵扰。

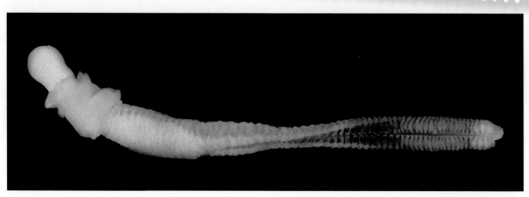

黄殖翼柱头虫

青岛橡头虫

Glandiceps qingdaoensis

分类地位

半索动物门肠鳃纲史氏柱头虫科橡头虫属

形态特征

青岛橡头虫全身上下"肉乎乎"的，整体颜色为浅黄色，因此有人形象地称其为"去壳的蛏子"。青岛橡头虫的外观与柱头虫属物种相似，甚至在很长的一段时间里，人们错认为它们属于柱头虫属。虫体脆弱易断，吻部略呈圆锥形，有一个背中沟和一个腹中沟。表皮几乎透明，可见身体内的生殖腺。鳃孔很小，肉眼几乎看不到。

生存现状

自青岛橡头虫 2005 年被确立为一个新物种以来，人们只在我国青岛胶州湾附近发现过它们的踪迹。它们生活在三四米深的海泥中，以海泥中的有机质为食。从进化角度来看，它们出现的年代比文昌鱼都要久远。不过目前人们对它们的研究较少，但其在科研方面的价值已经得到广大学者的认可。狭小的分布范围在一定程度上限制了青岛橡头虫的数量，加大了保护工作的难度。

保护措施

在青岛胶州湾国家级海洋公园，青岛橡头虫是重点保护物种之一。

二级

国家重点保护野生动物等级

新物种的确定十分复杂，一般情况下，需要经历形态学对比、解剖、基因对比等多个环节。发现一个新物种的周期是不固定的，会受到学术价值、地方经济、政治政策等诸多因素的影响。据统计，新物种的确定平均需要20.7年。有趣的是，业余生物学者发现新物种所用的时间要比生物分类学家的短，新兴的发展中国家的比发达国家的短。

青岛橡头虫（自 Jianmei An 等，2015）

黄岛长吻虫

Saccoglossus hwangtauensis

分类地位

半索动物门肠鳃纲柱头虫目玉钩虫科长吻虫属

形态特征

黄岛长吻虫全长可达 30 厘米，身体柔软、细长，表面平滑。身体分为吻、领、躯干三部分。吻呈扁圆锥形，长约为全长的 1/20，比同类其他物种的吻更长，黄岛长吻虫因此得名。背、腹两面中央线上各具一条纵沟，将吻分隔为左、右两部分。生殖翼的前半部为浅黄色，后半部为绿褐色。在躯干部的前部背面和生殖翼之间有两条浅色的隆起脊，每条隆起脊的外缘各有一行小鳃孔，鳃孔总数为 90 对左右。尾部圆筒状，呈黄绿色。

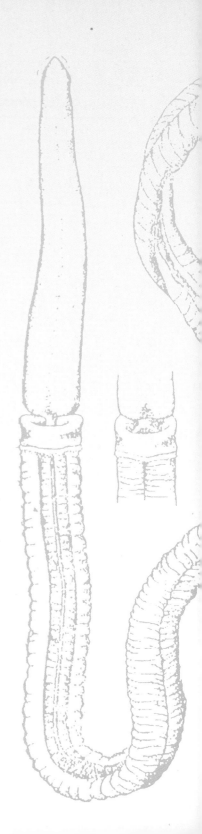

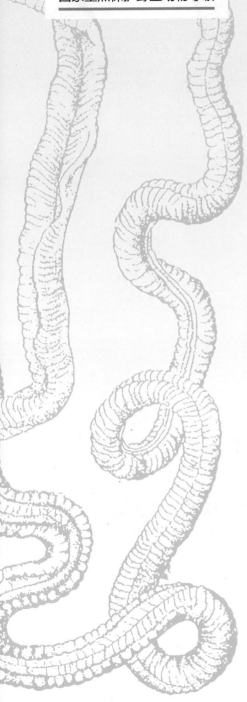

一级
国家重点保护野生动物等级

生存现状

黄岛长吻虫主要分布在青岛胶州湾及附近的潮间带，日常穴居于中潮区和低潮区的细沙滩和泥沙滩中，以沙泥中的有机质为食，再生能力很强。据资料记载，20 世纪80 年代以前，在落潮的时候常常能够见到黄岛长吻虫。但 80 年代以后，随着经济的发展和城市规模的扩大、工业和生活废水的排放，以及海水养殖和石油造成的污染日益加剧，黄岛长吻虫栖息地受到严重破坏，黄岛长吻虫数量大幅减少。

保护措施

黄岛长吻虫是青岛胶州湾国家级海洋公园的保护对象。

海之眼

　　20 世纪初，国内尚未发现过肠鳃类。在大学的生物系里，老师在讲授此类动物时，只能根据教科书中的记载和插图，几乎没有人亲眼看到过真实标本。考虑到和我们邻近且所产动物种类差别很小的日本已经发现 3 种肠鳃类，国内学者也纷纷尝试在国内寻找肠鳃类。张玺、顾光中等人细心地搜寻肠鳃类能栖息的地方，终于在黄岛西北部距低潮线四五十米的一片细沙滩上找到 40 多个肠鳃类个体，证明我国也有肠鳃类的分布。

黄岛长吻虫 / 高璐瑶绘（仿张玺等，1935）

节肢动物

概况

　　节肢动物是地球上物种多样性最高的一类
动物。我们生活中常见的昆虫、蜘蛛、蝎，
体形微小的螨、恙螨，古老的三叶虫，等
等，都属于节肢动物。节肢动物典型的
形态特征即身体分节、分部，附肢有
关节，体表具有含几丁质的外骨骼，
生长过程中存在蜕皮现象。

　　节肢动物在多种环境中均有分
布。现存分布在海洋的节肢动物主要有
鲎、海蜘蛛、绝大多数甲壳动物（虾、蟹、
桡足类、磷虾、藤壶等）、水蜈蚣、海生昆虫等
等。多数海洋节肢动物数量众多，但少数种类由于
对人类具有特殊的利用价值，遭到大范围捕杀，
正处于濒危的境地。例如，鲎的蓝色血液对细
菌非常敏感，可以制作检测细菌内毒素的试
剂——鲎试剂。正是为了这特殊的用途及
其附带的巨大经济价值，人们大肆捕杀
鲎。鲎的繁殖习性也使得捕捉鲎称不
上一件难事。20 世纪 90 年代初，
美洲鲎资源量一度下降。中国鲎

鲎

已在我国台湾被宣布灭绝，其他地区的中国鲎数量也减少了约 90%。我国已在福建平潭等地建立了中国鲎保护区，扶持企业依法依规开展中国鲎养殖生产，规范鲎血采集与利用程序。2018 年 8 月和 2019 年 6 月，广西防城港开展了中国鲎幼鲎科学放流示范，之后还会将中国鲎增殖放流工作推广。此外，建立科普宣教点，向大众普及关于鲎的科学知识，增强大众保护濒危生物的意识，也是保护珍稀节肢动物资源的有效途径。

《国家重点保护野生动物名录》所列海洋节肢动物有 3 种，即中国鲎、圆尾蝎鲎、锦绣龙虾，它们的保护等级均为二级。以下将逐一介绍这 3 种珍稀动物。

物种

中国鲎

Tachypleus tridentatus

中国鲎（腹面）

分类地位

节肢动物门肢口纲剑尾目鲎科鲎属

形态特征

中国鲎整体外观像老式水瓢，体表棕褐色，体长 30 ～ 60
厘米，雌性比雄性体形大。身体后部长有一条细长而坚硬的剑
尾。剑尾可以刺入天敌的身体，给对方造成重击，是防御的有
力武器，平时也可以协助鲎翻身。繁殖时雌鲎背着雄鲎，因此
人们也把鲎称为"海底鸳鸯"。雄鲎为避免从雌鲎背上摔下，在
第二对足末端长有一对弯曲的小钩，通过这对小钩牢牢地"抱住"
雌鲎。

二级

国家重点保护野生动物等级

EN

IUCN 濒危等级

生存现状

幼鲎通常生活在深海，9 龄后才移居浅海。它们分布于太平洋西岸，我国是其主要栖息地。20 世纪 90 年代初，我国沿海的中国鲎资源还较为丰富，估计超过 80 万对。福建平潭岛东南部是中国鲎的主要产卵地之一。但由于环境污染、人类过度捕杀等原因，大部分海域已经很难再见到中国鲎。

保护措施

2004 年，福州市建立福建平潭中国鲎特别保护区，加大对中国鲎的保护力度，如增强市场监管力度，打击非法捕捉行为，禁止餐馆的售卖行为。科研人员尝试对中国鲎进行人工培育和增殖放流，取得了一定的成效。

中国鲎（背面）

海之眼

19 世纪中叶，科学家们发现鲎血对细菌内毒素的反应极其敏感，利用鲎血制造出了鲎试剂。这一发现大大缩短了内毒素引起的疾病的确定时间，挽救了无数人的生命。但这也为中国鲎招来了杀身之祸。为谋取私利，部分企业非法大肆捕捞中国鲎，抽出它们体内的血液并贩卖。抽取血液后，中国鲎虽然被放回大海，但大多丧失了繁殖能力。现今人们正在努力研发替代鲎试剂的药物，但新兴药物的安全性不能得到广泛认可，因此无法做到完全替代。不过国家已出台相关法规，监管体系也在不断完善，相信中国鲎将在一系列保护措施下恢复生机。

圆尾蝎鲎

Carcinoscorpius rotundicauda

分类地位

节肢动物门肢口纲剑尾目鲎科鲎属

形态特征

圆尾蝎鲎与中国鲎形态相似，差异主要体现在体形和头胸甲背部形态。中国鲎成鲎体形偏大，头胸甲宽度约 18 厘米；圆尾蝎鲎成鲎体形偏小，头胸甲宽度约 10 厘米。中国鲎头胸甲背部凸起较高，内凹较深；圆尾蝎鲎头胸甲背部凸起较低，内凹较浅。此外，它们的剑尾形状也有细微差异。

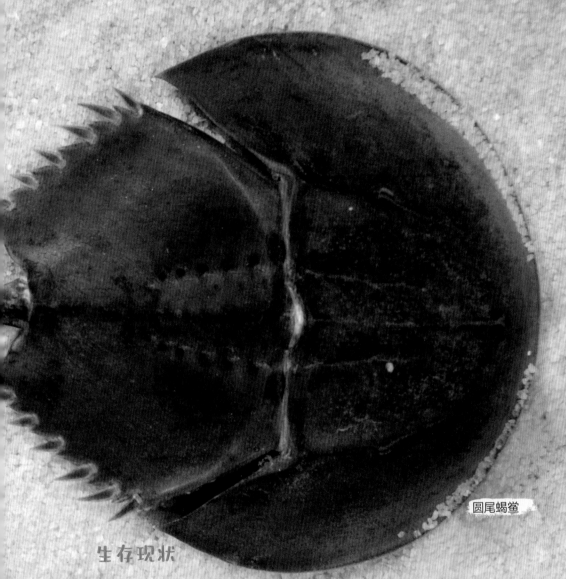

圆尾蝎鲎

生存现状

　　成年圆尾蝎鲎多见于深水，幼鲎多见于潮间带浅水区，潮间带沙滩和泥滩是它们的繁殖地。圆尾蝎鲎分布范围较窄，见于南亚和东南亚沿海，在我国红树林地区有分布。它被世界自然基金会誉为"海洋十宝"之一。虽然尚未有系统的圆尾蝎鲎调查数据，但由于过度捕捞和生存环境被破坏，上岸产卵的圆尾蝎鲎数量明显减少。

二级

国家重点保护野生动物等级

DD

IUCN 濒危等级

保护措施

　　鲎类的非法交易被严格控制。南三岛鲎类自然保护区、广西中国鲎保护区、平潭岛自然保护区等，重点保护在我国分布的鲎类资源及其栖息地。

圆尾蝎鲎

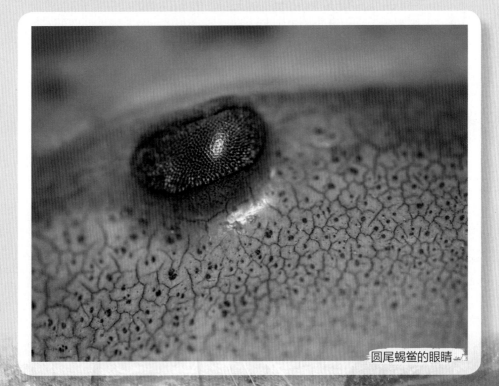

圆尾蝎鲎的眼睛

海之眼

　　圆尾蝎鲎体内含有较多由其共生的海洋细菌所产生的剧毒物质——河豚毒素，食用容易导致中毒。经常有误食圆尾蝎鲎引发中毒事件的报道。此外，中国鲎和圆尾蝎鲎体内的嘌呤类物质含量比较高，容易导致痛风。

圆尾蝎鲎

锦绣龙虾

Panulirus ornatus

分类地位

节肢动物门软甲纲十足目龙虾科龙虾属

形态特征

锦绣龙虾为龙虾属，是同属龙虾中体形最大的物种。体长一般为 20 ～ 35 厘米，甚至可达到 60 厘米。其头顶的触角鞭则更长，一般为 120 厘米以上。古时人们常将它们的触角鞭称为"龙须"。锦绣龙虾体表呈绿色，带有鲜艳的斑点和条纹，尾扇宽大，十分漂亮。它们同其他龙虾一样不具有"大钳子"，头胸甲表面长有发达的棘刺，用于抵御外敌。

锦绣龙虾

生存现状

锦绣龙虾分布广泛，在印度洋至西太平洋的热带及亚热带近岸海域均有分布。在我国，锦绣龙虾主要分布于福建、台湾、浙江海域及南海。它们喜欢藏身在水深 10 米左右的岩石间和珊瑚丛里，多在静水处，偶尔也会在河口附近水质较混浊的泥底处活动。它们昼伏夜出，以小鱼、小虾等为食。锦绣龙虾富含蛋白质，具有极高的食用价值。但随着人们的大量捕捞，锦绣龙虾资源量急速减少。

保护措施

由于生长速度快，锦绣龙虾是具有良好前景的养殖物种。目前广东、浙江、山东等地已在进行人工繁育研究。

海之眼

龙虾的生长要经历很多次蜕壳。每蜕壳一次，龙虾都会变得更加强壮，体长增加 15% 左右，体重增加 50% 左右。不过蜕壳对龙虾来讲并非全是好事，存在极大的"安全隐患"。龙虾在刚完成蜕壳的一段时间内，因为新壳不足以保护自身，所以极有可能被捕食。但如若足够幸运地躲避了各种危险，龙虾存活几十年都不成问题。

软体动物

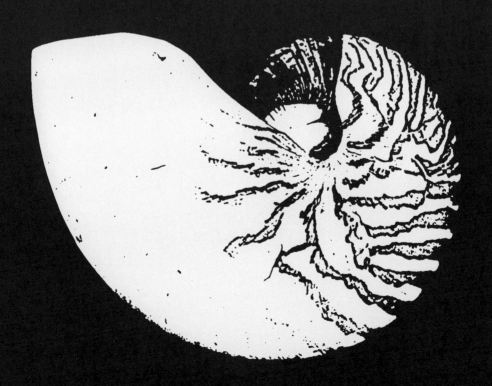

概况

贝壳

　　软体动物又称贝类。大多数软体动物具有壳，除壳之外的外套膜、头、足、内脏团合称为软体部。壳在不同种类中形状、颜色、花纹等各异，具有保护作用，主要成分为碳酸钙。外套膜可以分泌形成壳、参与呼吸和滤食活动等。头上分布有感觉器官，头的发达程度在不同种类有差异。足是运动器官，有块状、斧状、腕状、柱状等等形态。内脏团则包括心脏、胃、肾、肠等器官。

　　软体动物分为无板纲、单板纲、多板纲、掘足纲、腹足纲、双壳纲和头足纲 7 纲。许多种类是人类的重要食物来源，是主要的捕捞或养殖对象；也有一些种类具有较高的观赏价值，遭到大量采集，资源量不断减少。例如，受历史文化的影响，一些地区用砗磲制作名贵的工艺品，致使它们成为人们争相捕捞的对象。经年累月，砗磲资源量几近枯竭，野生个体已极为罕见。夜光蝾螺、唐冠螺、法螺等也面临灭绝的危险。《国家重点保护野生动物名录》中的海洋软体动物有12 种，分别是双壳纲的大珠母贝、大砗磲（库氏砗磲）、无鳞砗磲、鳞砗磲、长砗磲、番红砗磲、砗蚝，头足纲的鹦鹉螺，腹足纲的夜光蝾螺、虎斑宝贝、唐冠螺（冠螺）、法螺。其中，大砗磲、鹦鹉螺的保护等级为一级。

2017 年，《海南省珊瑚礁和砗磲保护规定》正式实施，要求建立健全海洋、渔业、交通运输、海警、边防等部门的联合执法机制，查处和打击破坏珊瑚礁、砗磲的违法行为。南澎列岛海洋生态国家级自然保护区、三亚国家级珊瑚礁自然保护区等的设立，为鹦鹉螺、砗磲等软体动物提供了较为适宜的栖息地。在设立保护区的同时，利用公众监督的力量，加强科普和执法力度，让利用这些珍稀动物大发横财的不法分子无处藏身，才有可能达到预期的保护目标。

下面将逐一介绍这 12 种珍稀海洋软体动物。

物种

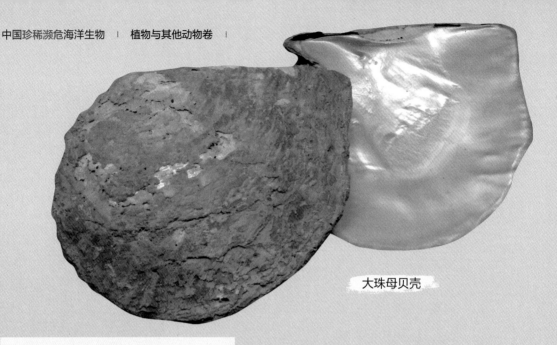

大珠母贝壳

大珠母贝

Pinctada maxima

分类地位

软体动物门双壳纲珍珠贝目珍珠贝科珠母贝属

形态特征

　　大珠母贝又称为白蝶贝，是我国最大的珍珠贝，更是世界上人工培育珍珠的最佳母贝。壳大且厚重，呈碟状，一般长径为25厘米左右，重4～5千克。壳表面为黄褐色。壳内面带珍珠光泽，边缘呈金黄色。大珠母贝所产的珍珠颗粒大、色泽好，是名贵的装饰品和药材。我国曾从大珠母贝中培育出一颗直径15.5毫米、珍珠层厚达0.6毫米的核桃状银白色珍珠。

大珠母贝壳内面

生存现状

　　大珠母贝为热带、亚热带物种，喜欢群聚栖息在珊瑚礁、岩礁砂砾等环境中，在我国分布于海南岛、西沙群岛、雷州半岛海域。它们对生长环境要求较为苛刻，生长适温为 23℃ ~ 30℃，温度过高、过低都会引起大珠母贝的死亡。成体附着在珊瑚礁或岩石上，容易被人类捕捉。广阔的消费市场、人类过量的捕捉和自身较弱的恢复能力，使得大珠母贝的数量日益减少。

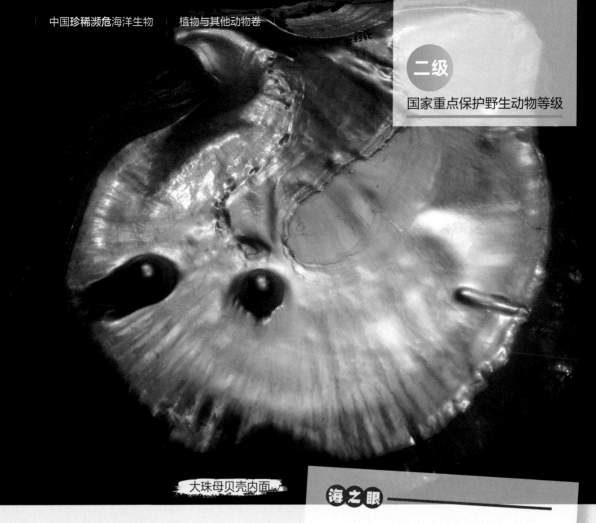

大珠母贝壳内面

保护措施

　　大珠母贝是广东雷州珍稀海洋生物国家级自然保护区、海南临高白蝶贝保护区和儋州白蝶贝保护区的重点保护对象。大珠母贝的人工繁育技术已比较成熟，增殖放流工作定期开展。

海之眼

　　自古以来，珍珠就以其美丽的外表受到人们的青睐，其光泽柔润的特质也与君子的气质相符。《尚书·禹贡》中就有蚌能产珠的记载。《诗经》《山海经》《尔雅》《周易》中也记载了有关珍珠的内容。我国不仅具有悠久的育珠历史，而且拥有丰富的珍珠贝类资源。除了大珠母贝之外，用于生产珍珠的马氏珠母贝、企鹅珍珠贝等在我国亦有分布。

大砗磲

大砗磲

大砗磲

Tridacna gigas

分类地位

软体动物门双壳纲帘蛤目砗磲科砗磲属

形态特征

　　大砗磲是现存最大的双壳动物，长度可超过1米，体重可达200千克。壳很厚，略呈三角形，两壳等大。壳表面白色，十分粗糙。它的外表或许并不漂亮，但在海里张开两壳时，则露出美丽的外套膜，不但有孔雀蓝、粉红、翠绿、棕红等鲜艳的颜色，而且有令人眼花缭乱的花纹。它的足丝坚硬，可使其固着在珊瑚礁上。

生存现状

　　大砗磲生活在平坦的珊瑚砂底质上或破碎的珊瑚间，是珊瑚礁中重要的框架物种，能与虫黄藻共生。大砗磲在南太平洋和印度洋热带海区有分布，在我国主要分布于南海。在我国和日本、法国等地区，曾有食用砗磲肉的传统，用砗磲壳制作的雕刻工艺品也备受欢迎，于是人们争相捕捞大砗磲。此外，近年来海水污染、气候变化等因素给大砗磲带来毁灭性的灾难，大砗磲在我国南海几乎绝迹。

保护措施

　　2017 年,《海南省珊瑚礁和砗磲保护规定》正式实施，明令禁止对砗磲的采挖、捕捞、杀害、出售、购买、加工等活动。砗磲在西沙东岛海域国家级水产种质资源保护区是重点保护对象。

大砗磲壳

1m

一级
国家重点保护野生动物等级

VU
IUCN 濒危等级

海之眼

　　砗磲又被称作"光合动物"，因为它们与虫黄藻共生。砗磲的代谢废物和二氧化碳成为虫黄藻的光合原料，虫黄藻进行光合作用生成的糖类等物质又为砗磲提供生长必需的营养。甚至砗磲可以只依靠虫黄藻提供的营养生存，而无须摄取其他食物。在砗磲的人工繁育技术中，向砗磲的外套膜植入虫黄藻是一个难点。

大砗磲壳

无鳞砗磲

Tridacna derasa

无鳞砗磲

无鳞砗磲

分类地位

软体动物门双壳纲帘蛤目砗磲科砗磲属

形态特征

无鳞砗磲壳长可达 70 厘米，是体形第二大的砗磲（仅次于大砗磲）。壳呈半圆形，两边的壳齿可以紧密闭合，这是其与大砗磲的显著区别。壳面较平，无鳞片状突起，壳质与其他砗磲相比较薄。外套膜有亮蓝色或绿色的细条纹，有的个体还有橘黄色、黄色、黑色或白色的波浪纹或斑点。壳内面为白色，足丝孔两侧各有 6 ~ 7 个齿状裙。

生存现状

无鳞砗磲是热带珊瑚礁底栖贝类，通常生活在礁盘外围水深 4 ~ 10 米处，在印度 – 西太平洋热带海域有分布，在我国分布于台湾岛东南部、西沙群岛。它们与虫黄藻共生，同时过滤水中的有机质为食。除了受到环境污染的影响，无鳞砗磲也是经济利益驱使下的牺牲品，在一些地区被人捕捉食用或成为观赏物种。无鳞砗磲是第一个实现人工繁育的砗磲物种，人工繁育个体成为近些年的水族贸易对象，这一定程度上减轻了野生个体的生存压力。

保护措施

砗磲在西沙东岛海域国家级水产种质资源保护区是重点保护对象。2017 年实施的《海南省珊瑚礁和砗磲保护规定》禁止对砗磲的采挖、捕捞、杀害、出售、购买、加工等活动。中国科学院南海海洋研究所的科研团队已研发出无鳞砗磲、鳞砗磲和番红砗磲的规模化人工繁育和苗种培育技术，为砗磲资源种群的恢复建立了技术支撑。

海之眼

砗磲一生中只有很短暂的自由生活阶段，之后便紧紧地固着在其他物体上生长。砗磲尤其喜欢固着在珊瑚礁等海底的硬物上。不单如此，它们在生长过程中还会不断分泌物质腐蚀珊瑚礁，让自己能向更深处固着。所以，我们常看到很多砗磲像是挤在珊瑚礁缝隙之中。这时，外套膜上丰富多彩的颜色就能让它们融入珊瑚礁环境，起到保护作用。

二级 国家重点保护野生动物等级

VU IUCN 濒危等级

软体动物

二级
国家重点保护野生动物等级

VU
IUCN 濒危等级

无鳞砗磲

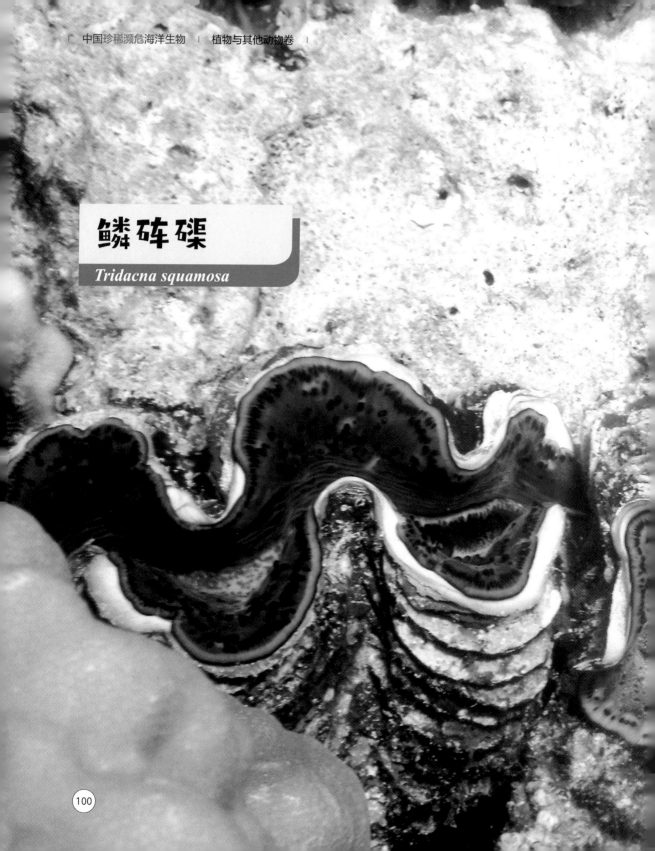

鳞砗磲

Tridacna squamosa

分类地位

软体动物门双壳纲帘蛤目砗磲科砗磲属

形态特征

　　鳞砗磲壳长可达 40 厘米。外套膜颜色有棕色、紫色、绿色、黄色等，具有细长的线状或点状图案。壳质厚重，两壳对称。其最明显的特征是壳表面有 5 ~ 6 条强壮的放射肋，肋上有大的叶状凹槽边缘，如同翘起的鳞片。在野外，这些凹槽和突起可以为其他小动物提供庇护，常有小螃蟹和小型贝类藏于其间。壳内面白色，具光泽。

鳞砗磲

生存现状

鳞砗磲是暖水性物种，从南非到红海和马绍尔群岛海域均有分布，在我国主要分布在海南岛、西沙群岛沿海。其生活在水深 15 米左右的珊瑚礁间，贝壳大部分埋入珊瑚礁。由于海洋污染、人类大量采集等因素，鳞砗磲在一些地方处境堪忧，例如，在新加坡已很难见到大型鳞砗磲。

保护措施

砗磲在西沙东岛海域国家级水产种质资源保护区是重点保护对象。2017年实施的《海南省珊瑚礁和砗磲保护规定》禁止对砗磲的采挖、捕捞、杀害、出售、购买、加工等活动。在我国，其人工繁育技术已取得突破。

鳞砗磲壳

鳞砗磲

海之眼

由于依赖共生虫黄藻提供的营养物质，光对于鳞砗磲来说很重要。鳞砗磲很"宅"：幼体利用分泌的足丝固着于碎石、珊瑚等基质上；长大后，足丝慢慢退化，鳞砗磲凭借自己的身躯抵抗海浪的扰动。白天，它们会打开壳，露出外套膜。砗磲的寿命很长，甚至可达100年。它们会把年龄"记录"在壳上，因此砗磲的壳是一种非常理想的气候信息载体，可用于地球环境研究。

长砗磲

长砗磲

Tridacna maxima

分类地位

软体动物门双壳纲帘蛤目砗磲科砗磲属

形态特征

　　长砗磲壳较小，较大个体的壳长为 35 ~ 40 厘米。外套膜通常呈现丰富的色彩和图案，蓝色、棕色、绿色、灰色、紫色等组合成条纹、斑点等。外套膜通常有较大的纯色区域，这也是长砗磲的一大特点。科学家曾在红海中发现外套膜为纯蓝色的长砗磲。长砗磲长有对光敏感的结节——这是长砗磲独有的特征。结节看起来像眼睛，实际上是透明的器官，可以让更多的光线照射到长砗磲体内，增强虫黄藻的光合作用，从而促进长砗磲的新陈代谢。

长砗磲

长砗磲

长砗磲

生存现状

长砗磲主要分布在印度－太平洋，北至日本南部，南至大堡礁，西至东非沿岸，东至波利尼西亚，在我国分布于海南岛、西沙群岛海域。它们栖息在浅海珊瑚礁，在潮间带低潮线附近积水处亦有。它们因为附体腺开口又大又宽，所以在自然界很容易成为猎物。它们的主要天敌是锥体螺，锥体螺常在长砗磲的软组织上打洞。此外，人类的捕捉、气候变化等因素也使其数量大幅减少。

保护措施

砗磲在西沙东岛海域国家级水产种质资源保护区是重点保护对象。2017 年实施的《海南省珊瑚礁和砗磲保护规定》禁止对砗磲的采挖、捕捞、杀害、出售、购买、加工等活动。中国科学院深海科学与工程研究所的研究人员在长砗磲的亲贝培养、人工授精、幼虫和稚贝培育等技术环节取得了重要进展。

海之眼

长砗磲因具有美丽的外套膜而经常出现在水族馆。同样因多彩的外套膜而备受欢迎的还有番红砗磲。尽管长砗磲的体形在砗磲中能挤进前三名，但它们的生长速度较为缓慢，要长到壳长 35 厘米需要花费五六十年。

番红砗磲

Tridacna crocea

番红砗磲

番红砗磲

分类地位

软体动物门双壳纲帘蛤目砗磲科砗磲属

形态特征

番红砗磲体形较小，壳长约 15 厘米。壳近卵圆形。两壳边缘有相互嵌合的褶皱，因此壳可以紧密关闭。壳表面颜色通常为灰白色，有时带有淡淡的粉色、黄色或橘黄色。这些颜色可以在壳边缘形成一条带，并扩展到内表面。

二级

国家重点保护野生动物等级

LC

IUCN 濒危等级

生存现状

番红砗磲产于印度 - 太平洋，从马来西亚、越南和日本，到印度尼西亚、菲律宾、帕劳、新几内亚岛、澳大利亚、所罗门群岛和瓦努阿图都有分布，在我国主要分布在南海，常见于水深 0～20 米的海域，嵌在珊瑚礁中。番红砗磲因为外套膜艳丽，壳面带有色彩，具有极高的观赏和收藏价值，所以受到不少人的追捧。人类对番红砗磲的过量采挖，使得野生番红砗磲种群遭到严重破坏。

保护措施

2021 年，中国科学院南海海洋研究所的研究人员实现了番红砗磲子二代人工繁育。这意味着番红砗磲人工繁育不必再使用野生个体作为种贝，更有利于保护野生番红砗磲资源。

海之眼

番红砗磲擅长在珊瑚礁上钻洞，是珊瑚礁主要的生物侵蚀物种之一。2018 年，科学家找到了番红砗磲钻洞的机制：番红砗磲的外套膜从足丝处伸出，分泌酸液，使其周围海水的 pH 明显降低，从而溶解珊瑚礁。

番红砗磲壳

砗蚝壳

砗蚝

Hippopus hippopus

分类地位

软体动物门双壳纲帘蛤目砗磲科砗蚝属

形态特征

砗蚝体形中等，壳长约 20 厘米，大的个体壳长可达 45 厘米。身体柔软，壳却又厚又重，褶皱多达 14 条，为多种小型生物提供舒适的生活区。砗蚝外套膜通常为橄榄绿色，有时呈灰色。壳表面带有红色、紫色斑点或细条纹。不过在野外，这些标记通常被生长在它们身上的生物所遮盖。砗蚝与砗磲一样，外套膜以及连接外套膜与消化系统的水管系统为虫黄藻提供适宜的生存场所。

砗蚝壳

生存现状

砗磲分布于印度洋和太平洋的热带海域，常栖息在礁盘边缘和有海草床的浅海。砗磲不钻洞，而更喜欢在沙地栖息。因其美丽的壳和可食用的肉，砗磲在许多国家遭受过度捕捞。此外，其生长速度缓慢，繁殖周期长，种群遭一次捕捞后需要几十年才能恢复，因此，砗磲在部分国家已经灭绝。

保护措施

海南三亚国家级珊瑚礁自然保护区及蜈支洲岛生态保护区将砗磲列为保护对象。砗磲的人工繁育技术研究已取得一定进展。

海之眼

砗磲又有车螯之称。我国古人对砗磲已有细致的观察，描述形象且富有想象力。《本草纲目》引陈藏器曰："车螯生海中，是大蛤，即蜃也。能吐气为楼台。春夏依约岛溆，常有此气。"引苏颂曰："南海、北海皆有之。采无时。其肉食之似蛤蜊，而坚硬不及。近世痈疽皆用其壳，北中者不堪用。背紫色者，海人亦名紫贝，非矣。"李时珍曰："其壳色紫，璀粲如玉，斑点如花。海人以火炙之则壳开，取肉食之。"可见，古人已发现砗磲的食用价值和药用价值。

鹦鹉螺
Nautilus pompilius

鹦鹉螺壳剖面

分类地位

软体动物门头足纲鹦鹉螺目鹦鹉螺科鹦鹉螺属

形态特征

　　鹦鹉螺肉质柔软，生活在坚硬的有腔壳内，整体形状酷似鹦鹉的头部。其壳薄而轻，表面光滑，多呈乳白色，布有红褐色斑纹。壳内分成约 30 个壳室，自身居于最后的一个最大的壳室之中，其余壳室充有气体，可以让鹦鹉螺自由调节浮力，在水里上升或下沉。头部约有 90 条腕，腕上没有吸盘。

鹦鹉螺壳

鹦鹉螺壳剖面

生存现状

　　鹦鹉螺分布在太平洋西部、南部的礁石、海床周围，在我国主要分布在西沙群岛、海南岛南部、台湾岛东部海域。鹦鹉螺为肉食性，以水下腐肉和碎屑以及活的贝类和螃蟹为食。它们的天敌包括鲨鱼、硬骨鱼和章鱼。鹦鹉螺生长缓慢，繁殖力低，这使得它们特别容易受到过度捕捞的影响。而其又因构造精密，外壳美丽，具有极高的收藏价值，深受贝壳收藏者的喜爱，被广泛应用于珠宝和家居装饰品中。西方文艺复兴时期，用鹦鹉螺壳制成的鹦鹉螺杯令人们趋之若鹜。我国东晋时代古墓中也出土了鹦鹉螺壳制成的酒杯。

一级

国家重点保护野生动物等级

保护措施

鹦鹉螺为南澎列岛海洋生态国家级自然保护区的保护对象。

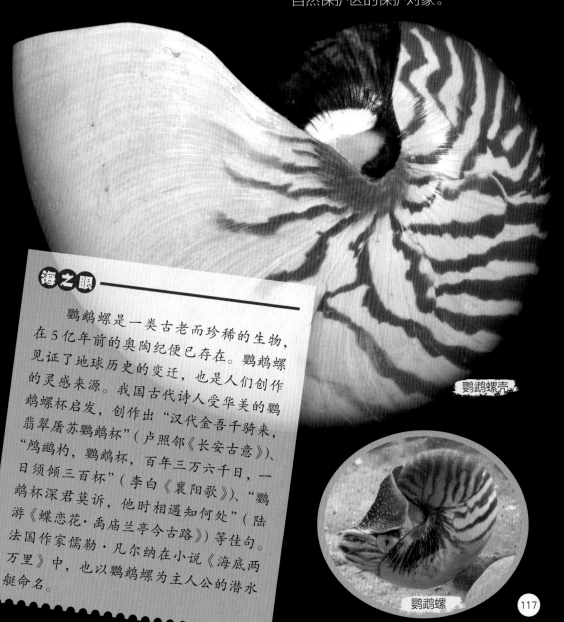

鹦鹉螺壳

海之眼

鹦鹉螺是一类古老而珍稀的生物，在 5 亿年前的奥陶纪便已存在。鹦鹉螺见证了地球历史的变迁，也是人们创作的灵感来源。我国古代诗人受华美的鹦鹉螺杯启发，创作出"汉代金吾千骑来，翡翠屠苏鹦鹉杯"（卢照邻《长安古意》）、"鸬鹚杓，鹦鹉杯，百年三万六千日，一日须倾三百杯"（李白《襄阳歌》）、"鹦鹉杯深君莫诉，他时相遇知何处"（陆游《蝶恋花·禹庙兰亭今古路》）等佳句。法国作家儒勒·凡尔纳在小说《海底两万里》中，也以鹦鹉螺为主人公的潜水艇命名。

鹦鹉螺

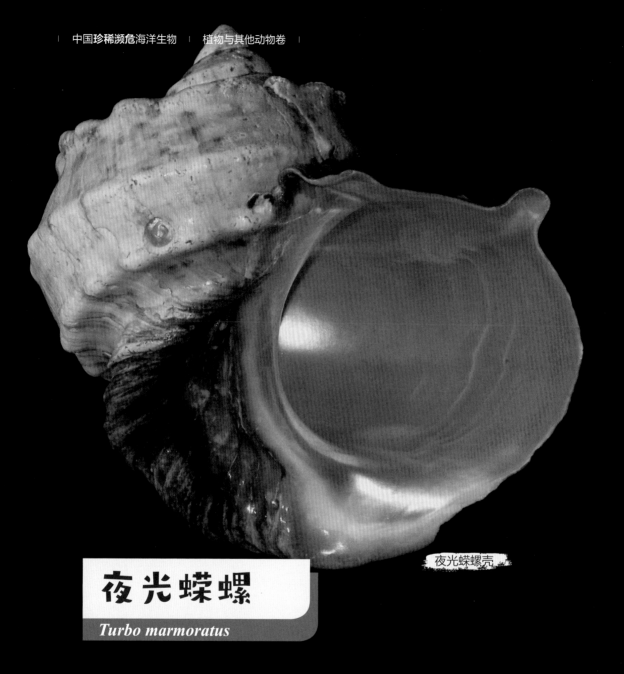

夜光蝾螺壳

夜光蝾螺
Turbo marmoratus

分类地位

软体动物门腹足纲原始腹足目蝾螺科蝾螺属

形态特征

夜光蝾螺是大型海螺，壳长可达 18 厘米。壳质坚厚，壳口宽阔，壳表面为深绿色。螺层有 6.5 层。顶部各螺层壳面光滑无助。从第四螺层下部开始，螺层中部隆起形成一条断续的由结节连成的螺旋肋，将壳面分成上、下两部分。上部壳面呈斜坡状，下部壳面近乎垂直。夜光蝾螺壳内珍珠层很厚，有耀眼的珍珠光泽，可在夜晚反射月光，绽放光彩，这也是夜光蝾螺名字的由来。

生存现状

夜光蝾螺分布于太平洋西部的热带海域，在我国主要分布于台湾岛、海南岛南部等地。它们常栖息于海藻繁茂的岩礁和珊瑚礁质海底，以海藻为食。夜光蝾螺肉可食用，壳又可制成工艺品如夜光杯，因此具有很高的商业价值。在"南海Ⅰ号"沉船中也打捞上来一件用夜光蝾螺制作的海螺雕杯，说明夜光蝾螺的艺术价值在南宋时期就已被人们注意。因此，夜光蝾螺一直是偷猎者的目标，这是它们濒危的主要原因。

二级
国家重点保护野生动物等级

保护措施

根据《中华人民共和国野生动物保护法》《中华人民共和国濒危野生动植物进出口管理条例》，未获得国家濒危物种管理部门出具的允许进出口证明书的，禁止贸易、携带、邮寄濒危动植物及其制品进出境。近年来，国家有关部门严厉打击走私夜光蝾螺制成的非法工艺品的行为。

夜光蝾螺制成的工艺品

海之眼

螺钿是我国古代一种传统工艺，历史十分悠久，起源于商代。在古董家具中所使用的螺钿材料通常为夜光蝾螺壳、鲍壳。这项工艺十分考验工匠的耐心和技艺，需对材料进行打磨、雕刻、镶嵌、抛光等多个步骤，费时费力。成品流光溢彩，内敛而不失华贵，往往价格不菲。这项工艺在唐代被僧侣和遣唐使带到了日本，受到日本王公贵族的热烈追捧，他们多次派人来中国采购包括漆器在内的商品。许多精品至今仍然收藏在日本的奈良正仓院。2019年的正仓院展上，领衔展品便是唐代的螺钿紫檀琵琶。

虎斑宝贝

虎斑宝贝

Cypraea tigris

虎斑宝贝壳

分类地位

软体动物门腹足纲中腹足目宝贝科宝贝属

形态特征

虎斑宝贝又称为黑星宝螺，壳面光滑，覆有由外套膜分泌出的釉质，整体为灰白色或浅黄色，壳面上点缀着许多大小不同的黑褐色斑点，与虎皮十分相似，故而得名。它的外套膜可自由伸展，平时收缩着，运动时便伸展开来将壳包住。外套膜上有条纹状的图案，还长有许多尖端白色的突出物。

生存现状

虎斑宝贝分布于印度－西太平洋，在我国主要分布于台湾岛、海南岛和西沙群岛，常栖息于低潮区或稍深的岩礁和珊瑚礁海底，退潮后隐居在洞穴和缝隙间。幼体以藻类为食，成体主要捕食珊瑚虫、海绵等无脊椎动物。虎斑宝贝对控制入侵物种有一定的效果。在夏威夷海域，虎斑宝贝捕食入侵并过量繁殖的海绵，有助于维持当地的生态平衡。虎斑宝贝曾经产量很大，但由于其外壳美丽，购买者很多，所以人们常在退潮后捕捉它们，作为装饰品出售，造成虎斑宝贝的资源量急剧下降。虎斑宝贝对温度要求较高，资源恢复较为困难。

保护措施

我国的野生动物保护法、渔业法等都明文规定保护虎斑宝贝等珍稀水生野生动物。有关部门加大了宣传和执法力度，坚决打击非法出售水生野生保护动物及其制品的行为。研究人员也在摸索虎斑宝贝的野生驯化和人工繁殖技术。

海之眼

我国古代使用宝贝入药，也曾以贝为货币。《诗经》曰："既见君子，锡我百朋。"这里的"朋"就是当时的货币量，五枚或十枚贝为一串，两串贝为一朋。《南州异物志》云："交阯北，南海中，有大文贝，质白而文紫，天姿自然，不假雕琢磨莹而光色焕烂。"《唐本草》曰："紫贝，出东南海中，形似贝子而大二三寸，背有紫斑而骨白。"《桂海虞衡志》记载："贝子，海傍皆有之。大者如拳，上有紫斑，小者指面大，白如玉。"这些均是说的虎斑宝贝。不过，现今被称为紫贝而入药的是阿文绶贝。阿文绶贝同样是一种极具观赏价值的宝贝科物种。

虎斑宝贝壳

虎斑宝贝

唐冠螺壳

唐冠螺

Cassis cornuta

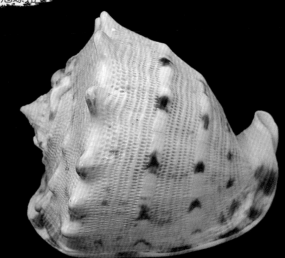

分类地位

软体动物门腹足纲中腹足目冠螺科冠螺属

形态特征

唐冠螺是冠螺科最大的物种，壳长可超过 40 厘米。体螺层丰满，螺旋部低矮。壳面呈浅黄色、灰色或白色，有金属光泽。在我国，它们因为形状像唐代人的冠帽而被称为唐冠螺。唐冠螺的足部发达，有厣，可封闭壳口，抵御外敌。唐冠螺群体中，雌性肥大，雄性较瘦小。

二级
国家重点保护野生动物等级

唐冠螺壳

生存现状

唐冠螺多生活于印度洋、太平洋的暖水中，在我国分布于台湾岛南部、海南岛及南海诸岛附近海域，多生活在珊瑚礁周围的沙滩和碎石底质的浅海。它们白天埋入砂砾中，夜间活动，喜欢捕食棘皮动物如海星、海胆。由于壳形状奇特、姿态优美，唐冠螺深受收藏者的喜爱，在世界许多地方都比较稀少。在澳大利亚昆士兰，唐冠螺能捕食破坏珊瑚礁的棘冠海星，因此受到严格的保护。

保护措施

　　我国各地海关严格检查携带唐冠螺等国家重点保护动物及其制品进出境的行为，市场监督管理部门也大力查处售卖唐冠螺的行为。

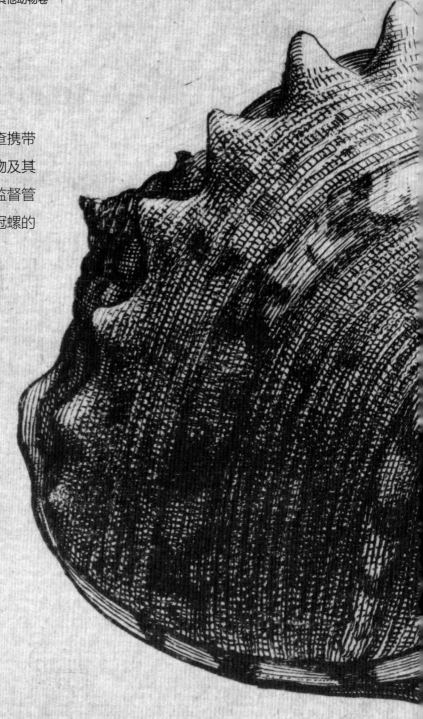

海之眼

　　"四大名螺"一般指鹦鹉螺、唐冠螺、法螺（凤尾螺）和宝冠螺（万宝螺）。它们有名，也无非因为个体较大、形状奇特、色彩艳丽或是稀少难求，被人们赋予了美好的寓意。但由于人们的无度捕捞，它们的种群数量都大为减少，其中的 3 种被列为国家重点保护野生动物。

唐冠螺／温斯劳斯·霍拉绘

法螺

Charonia tritonis

分类地位

软体动物门腹足纲中腹足目嵌线螺科法螺属

形态特征

法螺是一种大型软体动物，壳长可达60厘米。法螺在佛事活动中常被用作法器，故而人们将其称为法螺。法螺多呈纺锤形，后端尖细，前端扩展。壳表面光亮，呈乳白色至黄褐色，具有不规则的深褐色粗斑纹，壳内面橘红色。螺层约10层，且各螺层在缝合线下的螺肋常呈波状并有皱纹。

二级

国家重点保护野生动物等级

法螺壳

生存现状

法螺分布于印度－太平洋热带、亚热带海域，包括红海，在我国分布于台湾岛和西沙群岛海域，常栖息于水深约 10 米的珊瑚礁或岩礁间，是一种肉食性动物。在海洋中，法螺是"珊瑚杀手"棘冠海星的天敌，对维持珊瑚礁生态平衡具有重要意义。一只成体棘冠海星每年能吃掉 5 ~ 13 平方米的珊瑚。在棘冠海星暴发的年份，棘冠海星所过之地一片苍白。而且棘冠海星的生命力顽强，断腕也能长成完整的个体，因此人为采取控制措施收效甚微。后来人们发现，控制棘冠海星的最佳方法就是保护法螺。然而，由于 20 世纪八九十年代人们的无度采集，野生法螺现在已很难见到。

法螺

法螺壳

保护措施

在海南三亚珊瑚礁国家级自然保护区，法螺是维持珊瑚礁生态平衡的关键物种。科研人员探索法螺的人工繁育技术并取得了一定的进展。

法螺壳

法螺壳

海之眼

仔细观察就会发现，自然界中绝大多数腹足类的螺壳是右旋的（将螺壳尖向上，螺口朝向观察者，螺口位于轴线右侧即为右旋），这是因为左旋基因频率极低。法螺亦是如此。左旋法螺一旦现世，就会受到人们的追捧。